人間中心の
AI社会とデータサイエンス

MDASHリテラシーレベル準拠
A textbook for the literacy level of the MDASH educational program

監修
鈴木陽一
神村伸一

共著
行場次朗
髙谷将宏
渡邊晃久

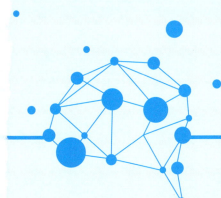

コロナ社

監修にあたって

　これからの社会で活躍していくみなさんにとって，日々生成される多種多様で膨大な量のビッグデータを上手に使いこなすことが，どの分野でも大変重要です。本書は，その鍵となるデータサイエンスと AI に関する基礎的な内容を，あらゆる分野で学ぶ学生のみなさんができるだけやさしく身につけられることを念頭に書かれた教科書です。そのために，人間社会とのつながりを意識して説明する内容になっています。

　2024 年 2 月には，文部科学省の数理・データサイエンス・AI 教育プログラム認定制度（MDASH）リテラシーレベルに求められる内容（モデルカリキュラム）が生成 AI の急速な発展と普及を背景に改訂されました。それを受けて本書は，生成 AI については 2 章を使って詳細に記すなど，このモデルカリキュラムのコア学修項目におけるすべての推奨項目に対応しました。モデルカリキュラムとの対応は巻末の付録を参照してください。また，すべての高校生が学ぶ教科「情報 I」の学習内容との整合にも配慮しました。

　本書の執筆にあたっては，各章の担当著者に任せきりにせず，監修者も交えての率直な意見交換が対面の会議やネットを活用して頻繁に行われ，「わかりやすく」かつ「しっかり学べる」内容になるよう心がけました。これにより，あらゆる分野における数理・データサイエンス・AI のリテラシーレベルの教科書として，読みやすく，読み応えもあり，学びを実感できるものになったと考えます。本書が広く教科書として受け入れられることを期待しています。

　ここまで心血を注いで下さった著者の方々の努力に深い敬意を表しますとともに，本書の出版を実現するにあたりさまざまなご配慮とお世話をいただきましたコロナ社に深く感謝申し上げます。

2025 年 1 月

監修者一同

ま　え　が　き

　現在の，そして近未来の私たちの社会や生活でも，人工知能（AI）やビッグデータなどの高度化した先端技術が急速に取り入れられようになり，利便性や効率化を高めるさまざまな革新がなされようとしています。一方，こうした転換点を迎えるにあたり，AI に漠然とした不安をいだいたり，あふれる情報やデータをうまく整理や解釈することができずに，イライラする感じをもたれる方が多いと思います。

　本書は，文系・理系を問わず，学生のみなさんにそのような不安や迷いをできる限り抱かなくともすむように，構成や内容を工夫して企画されました。3名の著者（行場次朗・髙谷将宏・渡邊晃久）は，いずれも現在は人間を中心とした情報通信技術の研究に携わっていますが，実は，それぞれ心理学，教育学，社会学を専攻したバックグラウンドをもっています。そのために，本書の内容は，AI やデータサイエンスの基礎や特性，課題などについて，人間中心の視点に立って，人類進化の背景や，人間の認知特性，持続的社会の発展，人間発達や教育などの幅広い問題を示しながら議論を深めたものになっています。

　本書の監修者（鈴木陽一先生・神村伸一先生）は，お二人とも情報通信技術の研究教育のプロフェッショナルですので，本書の内容について，文部科学省「数理・データサイエンス・AI 教育プログラム認定制度実施要綱（MDASH）」のリテラシーレベルの基準を十分に満たすように，そして学生のみなさんにわかりやすくなるように，専門家の目からのアドバイスやチェックをいただきました。以下に本書の章構成について概説します。

　第1章と第2章では，大きな視点から，テクノロジーの進展が人類社会の歴史に及ぼしてきたインパクトを振り返ります。特にコンピュータや情報通信技術（ICT）の発展によって，社会や産業構造にどのような変革が起こってきたの

かを概観します。そして，なぜ AI の活用がこれほど重要視されるようになったかについて，ビッグデータ解析との関連から理解を深めます。それらの変革をふまえて，日本が目指すべき未来社会の姿として提唱された「Society 5.0」という展望を紹介し，このような新構想がこれからの人間社会を望ましい方向に導く可能性について考察します。

　第3章と第4章では，AI 研究の歴史と AI のさまざまな定義と分類について解説します。そして，今日の生成 AI の誕生のインパクトと，さまざまなサービスとして展開されつつある生成 AI の現状について，その利点とともにさまざまな問題も顕在化していることを解説し，それらの問題にどのように向き合うべきなのか考察します。

　第5章，第6章，第7章では，AI 社会において活用が期待されるロボットや自動運転，ビッグデータ利用などにかかわる課題や倫理的な問題について解説します。また，AI やロボットの能力が人間を超えるとされる技術的特異点（シンギュラリティ）が実際に到来するかどうかの可能性や，雇用状況の変化などに関連する深刻な問題を紹介します。そして，「人間中心の AI 社会原則」に基づくことによって，AI の進展とともに，人間の最も人間らしい活動や生活の仕方がより明確化される可能性について，考察を深めます。

　第8章から第13章までは，AI 社会における「読み・書き・そろばん」ともいえるデータサイエンスについて解説します。データサイエンスとは，ある目的を達成するためにデータを収集・分析し，価値を見いだすアプローチで，これからのデータ駆動型社会ではきわめて重要な役割を果たします。データ分析は統計学が担います。統計学には数学の知識が必要になりますが，具体的な事例に基づいて傾向や論理を見いだすアプローチなので，数学に苦手意識があるみなさんにも理解しやすいと思います。記述統計では，データの本質を忠実に表すグラフ表現や，データの代表値や散らばり具合，そしてデータ間の関係性などを表す各種の指標について学びます。推測統計では，サンプルデータから全体の傾向を推計したり，手元のデータから立てた仮説が有効なものかどうか検定する手法を紹介します。ビッグデータにはさまざまな変数が含まれるので，

それらの多変量を圧縮したり，多変量を使って予測を行うやり方も解説します。

終章の第14章では，2015年に国連において定められた「持続可能な開発目標」（SDGs）の目標の実現にむけたAIやデータサイエンスの貢献と課題について考察します。そして，これからのAI・データ社会において大切な人間の思考様式について議論し，全体のまとめとします。

本書により，AI社会とデータサイエンスの知識と理解を深めていくことで，学生のみなさんが，新たな社会変化にも主体的かつ積極的に向き合える準備や思考力，そして人間中心の社会倫理観を育んでいくことができれば幸いです。

2025年1月

著者一同

― 章末問題解答例 ―

以下より章末問題解答例がダウンロード可能です。

https://www.coronasha.co.jp/np/data/docs1/978-4-339-02949-9_1.pdf

目　　　次

1.　技術革新がもたらす人間社会の大きな変化

1.1　人類にとっての3つの大きな革新の波 ……………………………… *1*

  1.1.1　農　耕　革　命……………………………………………………… *2*

  1.1.2　産　業　革　命……………………………………………………… *3*

  1.1.3　情　報　革　命……………………………………………………… *4*

1.2　産業革命の4段階 …………………………………………………… *6*

  1.2.1　第1次産業革命 ……………………………………………………… *7*

  1.2.2　第2次産業革命 ……………………………………………………… *7*

  1.2.3　第3次産業革命 ……………………………………………………… *8*

  1.2.4　第4次産業革命 ……………………………………………………… *8*

1.3　日本発のSociety 5.0とDXの提言 ………………………………… *9*

  1.3.1　Society 5.0　………………………………………………………… *9*

  1.3.2　Digital Transformationの展開………………………………… *11*

章　末　問　題……………………………………………………………… *12*

2.　AIやビッグデータがもたらす社会の変化

2.1　コンピュータの誕生と発展の歴史 ………………………………… *13*

  2.1.1　チューリングマシン ……………………………………………… *13*

  2.1.2　エニアック−最初のコンピューター− ………………………… *14*

  2.1.3　ノイマン型コンピュータ−現在のコンピュータの原型− ……… *15*

vi　　目　　　　　次

2.1.4　ムーアの法則……………………………………………… 17

2.1.5　並列分散処理型コンピュータの誕生 ……………………… 18

2.1.6　量子コンピュータの出現 …………………………………… 20

2.2　ICT の進展 ……………………………………………………… 20

2.2.1　インターネットの誕生 ……………………………………… 21

2.2.2　Web の誕生 …………………………………………………… 22

2.2.3　巨大 ICT 企業の誕生 ………………………………………… 22

2.2.4　SNS の誕生 …………………………………………………… 23

2.2.5　IoT の進展とビッグデータ ………………………………… 23

2.3　ビッグデータの時代 …………………………………………… 24

章　末　問　題…………………………………………………………… 26

3.　AI 研究の歴史と生成 AI の汎用化

3.1　AI のさまざまな分類 …………………………………………… 27

3.1.1　AI 研究とロボット研究の違い ……………………………… 27

3.1.2　AI の歴史 − 3 つの AI ブーム − …………………………… 29

3.1.3　AI 技術の整理………………………………………………… 31

3.1.4　機　械　学　習 ……………………………………………… 32

3.1.5　AI をレベルで分析する ……………………………………… 36

3.1.6　強い AI，弱い AI …………………………………………… 38

3.1.7　日常にある AI のタイプ …………………………………… 39

3.2　生成 AI の位置づけ ……………………………………………… 39

3.2.1　生成 AI −インプットの革新とアウトプットの革新− ……… 39

3.2.2　生成モデルの誕生 …………………………………………… 40

3.2.3　生成 AI とマルチモーダル化，RAG ………………………… 41

3.2.4　AI　効　果…………………………………………………… 42

章　末　問　題…………………………………………………………… 42

目　　　　次　　*vii*

4.　社会での生成 AI 活用と生成 AI がもたらす諸問題

4.1　実社会における生成 AI ……………………………………… 43
　4.1.1　さまざまな生成 AI サービス ……………………………… 43
　4.1.2　プ ロ ン プ ト ……………………………………………… 45
　4.1.3　AI のさまざまな活用事例 ………………………………… 46
4.2　生成 AI がもたらす諸問題 …………………………………… 49
　4.2.1　ディープフェイク …………………………………………… 49
　4.2.2　セキュリティとプライバシー ……………………………… 50
　4.2.3　ハルシネーション …………………………………………… 52
　4.2.4　権 利 と 法 律 …………………………………………… 52
　4.2.5　学習データと日本の文化庁の対応 ………………………… 53
　4.2.6　CPU と GPU，そして電力 ………………………………… 54
　4.2.7　生成 AI にまつわる倫理的問題 …………………………… 55
章 末 問 題 ………………………………………………………… 57

5.　AI やデータ社会の進展に伴う課題 I

5.1　AI 社会にかかわる倫理的問題 ……………………………… 58
　5.1.1　ロボット工学三原則 ………………………………………… 58
　5.1.2　トロッコ問題：倫理的コンフリクト ……………………… 61
　5.1.3　自動運転の責任問題 ………………………………………… 62
5.2　ビッグデータ社会にかかわる倫理的問題 ………………… 65
5.3　急増するデータを保存し続けることができない問題 ……… 67
章 末 問 題 ………………………………………………………… 69

6. AIやデータ社会の進展に伴う課題 II

6.1 コンピュータの進化と動物の進化 ································· 70

  6.1.1 鉄腕アトムと強い AI ································· 70

  6.1.2 情報ピラミッド ································· 71

  6.1.3 介助犬とサービスアニマル ································· 73

6.2 AI が進展する際の難しい問題 ································· 75

  6.2.1 不気味の谷の問題 ································· 75

  6.2.2 フレーム問題 ································· 76

  6.2.3 記号接地問題 ································· 77

6.3 ICT の進展と子どもの教育 ································· 79

章 末 問 題 ································· 82

7. AI・データ社会で求められること

7.1 AI 社会での雇用の変化 ································· 83

7.2 人間中心の AI 社会原則 ································· 85

章 末 問 題 ································· 88

8. 社会が求めるデータサイエンス

8.1 なぜデータサイエンスが必要なのか ································· 89

  8.1.1 データサイエンスとは何か ································· 89

  8.1.2 データサイエンスの役割 ································· 90

  8.1.3 データサイエンスのこれから ································· 91

8.2 データサイエンスのはじめの一歩 ································· 92

  8.2.1 情報とデータの違い ································· 92

目　　　　次　　ix

8.2.2　データサイエンスのステップ ……………………… 93

8.2.3　見えるものが真実とは限らない ……………………… 95

8.3　誤解を与える統計グラフ ……………………………………… 97

8.3.1　誤解を与える棒グラフ ………………………………… 97

8.3.2　誤解を与える折れ線グラフ …………………………… 98

8.3.3　誤解を与える円グラフ ………………………………… 99

8.3.4　誤解を与える 2 軸グラフ ……………………………… 100

章　末　問　題 ……………………………………………………… 101

9.　データの代表値，散らばり，関係性を記述する

9.1　データの種類 ………………………………………………… 102

9.2　記述統計学とは ……………………………………………… 103

9.2.1　度　数　分　布　表 …………………………………… 103

9.2.2　棒グラフとヒストグラム ……………………………… 105

9.2.3　度　数　折　れ　線 …………………………………… 106

9.3　代表値と箱ひげ図 …………………………………………… 107

9.3.1　平　　　均　　　値 …………………………………… 107

9.3.2　中央値と最頻値 ………………………………………… 108

9.3.3　箱　ひ　げ　図 ………………………………………… 109

9.4　分散と標準偏差 ……………………………………………… 110

9.5　2 変量の関係 ………………………………………………… 112

9.5.1　相関関係と因果関係 …………………………………… 112

9.5.2　クロス集計表と散布図 ………………………………… 113

9.5.3　相　関　係　数 ………………………………………… 114

章　末　問　題 ……………………………………………………… 116

10. データから全体を推測する I －推定－

10.1 推測統計学とは ………………………………………………… 117

10.2 正規分布と標準正規分布 ……………………………………… 119

   10.2.1 正 規 分 布 ………………………………………… 119

   10.2.2 標準正規分布と Z 得点 ……………………………… 123

   10.2.3 標準正規分布表 …………………………………… 125

10.3 推 定 …………………………………………………………… 127

   10.3.1 推 定 と 検 定 ………………………………………… 127

   10.3.2 点 推 定 ………………………………………… 127

   10.3.3 区 間 推 定 ………………………………………… 128

   10.3.4 母分散がわかっている場合の区間推定 ………………… 129

   10.3.5 母分散がわかっていない場合の区間推定 ……………… 132

   10.3.6 有 効 数 字 ………………………………………… 135

章 末 問 題 ………………………………………………………… 136

11. データから全体を推測する II －検定－

11.1 仮説検定の考え方 ……………………………………………… 137

   11.1.1 帰無仮説と対立仮説 ……………………………… 137

   11.1.2 有 意 水 準 ………………………………………… 138

   11.1.3 有 意 確 率 ………………………………………… 139

   11.1.4 統 計 学 的 判 断 …………………………………… 139

   11.1.5 第一種の過誤と第二種の過誤 ……………………… 140

   11.1.6 離散型確率変数と連続型確率変数 …………………… 141

   11.1.7 片側検定と両側検定 ……………………………… 141

11.2 母分散がわかっている場合の検定 …………………………… 143

目 次　　　xi

11.3　母分散がわかっていない場合の母平均の検定 ･････････････････ 145

11.4　いろいろな検定 ･･ 147

章　末　問　題 ･･ 148

12.　多　変　量　解　析

12.1　データから予測を行うための分析手法 ･･････････････････････ 149

　　12.1.1　単　回　帰　分　析 ･････････････････････････････････ 149

　　12.1.2　重　回　帰　分　析 ･････････････････････････････････ 151

12.2　データの特徴を把握するための分析手法 ････････････････････ 153

　　12.2.1　主　成　分　分　析 ･････････････････････････････････ 153

　　12.2.2　因　子　分　析 ･････････････････････････････････････ 155

12.3　データを分割したいときの分析手法 ････････････････････････ 158

　　12.3.1　クラスター分析 ･･････････････････････････････････ 158

　　12.3.2　階層的クラスター分析 ････････････････････････････ 159

　　12.3.3　非階層的クラスター分析 ･･････････････････････････ 160

章　末　問　題 ･･ 160

13.　質的調査（定性的調査）

13.1　質的調査の概要 ･･ 162

13.2　質的調査の事例−エスノグラフィー− ･････････････････････ 163

13.3　いろいろな質的調査の手法 ････････････････････････････････ 164

章　末　問　題 ･･ 165

14.　AI 社会・データ社会の将来に向けて

14.1　SDGs における AI やデータサイエンスの役割 ･･････････････ 166

14.2　AI・データ社会において大切な人間の思考様式 ·················· 168

　　14.2.1　ロジカルシンキング ··· 169

　　14.2.2　クリティカルシンキング ····································· 169

　　14.2.3　ラテラルシンキング ··· 170

　　14.2.4　AI・データ社会で重要な 3 つの思考様式の循環的活用 ········ 171

章 末 問 題 ·· 173

付　　　　　　録 ··· 174

引用・参考文献 ··· 176

索　　　　　引 ··· 181

第 1 章
技術革新がもたらす人間社会の大きな変化

本書のオープニングにあたる第 1 章では、大きな視点から、人類のこれまでの歴史にテクノロジーの進展が及ぼしてきたインパクトを振り返ります。コンピュータ、さらには情報通信の発展によって、社会や産業構造にどのような変革が起こってきたのかを概観します。そして、それらの変革をふまえて、日本が目指すべき未来社会の姿として提唱された「Society 5.0」という展望を紹介し、そのような新構想がこれからの人間社会を望ましい方向に導く可能性について考察します。

1.1　人類にとっての 3 つの大きな革新の波

未来学者として著名なトフラー（A. Toffler, 図 1.1）は 1980 年に『第三の波』という本を書き[1]†、世界的に大きな話題となりました。

彼によれば、図 1.2 に示すように、これまでに人類は農耕革命、産業革命を経験し、20 世紀後半からは情報革命という大きな波が押し寄せ、日常生活や社会生活が激変していくと予測しました。彼は人類とテクノロジーの関係を 3 つの大きな革新の波という視点でわかりやすく解説しているので、その概要を紹介してみましょう。

図 1.1　未来学者トフラー[2]

---

†　肩付数字は巻末の引用・参考文献番号を表します。

2   1. 技術革新がもたらす人間社会の大きな変化

人類の祖先の誕生
　　狩猟・採取の時代
　　小集団での移住生活

| 第一の波 | 農耕革命（紀元前 6000 年頃）から |

生産物中心社会
　　大集団による定住生活
　　国，文明，文化の発展

| 第二の波 | 産業革命（1765 年頃）から |

エネルギー中心社会
　　石炭火力，蒸気機関
　　工場労働，都市への人口集中
　　電気の発明，交通革命
　　鉄鋼，自動車工業
　　流れ作業，大量生産

| 第三の波 | 情報革命（1950 年頃）から |

情報中心社会
　　コンピュータ，情報通信の進展
　　工業用ロボット，FA 化
　　多品種少量生産
　　リモートワーク

図 1.2　人類にとっての大きな 3 つの波

1.1.1 農 耕 革 命

　人類の祖先はアフリカで誕生したといわれていますが，その頃の人類は他の霊長類の動物と同じように，小集団で採集や狩猟を中心とした暮しを移動しながら営んでいたのでしょう。

　紀元前 6000 年頃になると，大河流域の肥沃な土壌を利用して，麦や米などを栽培する農耕社会が誕生しました（図 1.3）。移動しなくとも，同じ場所で大量の食物が安定して得られることは，人類の生活にとって大きな変化（革命）であり，トフラーのいう「第一の波」にあたります。食料の計画的で安定的な供給により，多くの人口を養うことが可能になり，大集団による定住生活がはじまり，世界四大文明（エジプト，メソポタミア，インダス，中国）が生まれました。そして富が集中する支配層によって国ができ，さらに農耕のための暦法や測量技術などがきっかけとなって，さまざまな学問や文化が発展していきました。

図 1.3 農耕社会の様子（古代エジプト「センネジェムの墓」の壁画より[3]）

1.1.2 産業革命

　長い間，おもに農業で得られる生産物資を中心とした社会が続きましたが，18世紀後半にイギリスで，ワットの蒸気機関が発明されたことがおもなきっかけとなって，産業革命が起こりました．人類は石炭などのエネルギーによって大型の機械を動かす動力を得ることができたので，エネルギー革命とも呼ばれていますが，トフラーはこれを「第二の波」と呼んでいます．

　その結果，大きな工場ができ，農村部より労働者が集まって，都市の人口密度は高くなりました．図 1.4 は産業革命以後の工場周辺の住宅風景を描いたも

図 1.4 産業革命以後のロンドンの住宅の様子[4]

のです。煙突からの煙で空は曇り，労働者は工場近くの狭いアパートに夫婦や親子だけで構成される核家族で住む場合がほとんどでした。産業革命についてのより詳しい説明は 1.2 節で行いますが，その後の電気を利用する技術の発展や，自動車工業の進展になどによって，流れ作業による大量生産とともに，機械が主で人間が従のような労働環境となり，問題となりました。図 1.5 は，喜劇俳優チャップリンがそのような労働を風刺した映画として有名です。

図 1.5　チャップリンの映画『モダンタイムス』の一コマ[5]

図 1.6　教育の画一化や規格化の現れとも取れる制服

大量生産に必要な規格化は，教育にも影響を及ぼしてきました。教育工場と呼ばれることもあったように，学校では制服が定められ（図 1.6），授業時間も内容も画一化が進み，標準化された能力を身に付けた労働力を育成するような学校教育は，均質化や没個性化の傾向を助長し，「第二の波」以降の工業化社会で行われてきたと捉えることができます。

1.1.3　情 報 革 命

1950 年代頃からのコンピュータの発展，さらに 1970 年代頃からの情報通信の急速な進展は，これまでの生産物資やエネルギーに依存してきた社会を，情報を主役とする社会構造に一変させました。例えば，農作物も工業製品も，どの地域でいつ，どれだけ必要かといった情報に基づいて生産調整をしないと大きな損失を出して競争に負けてしまいます。情報化社会の到来による「第三の波」

は労働形態や日常生活にも変化をもたらしました。**FA**（factory automation）化によって，工場には人間に替わって工業用ロボットが組み立てなどを行い，それらのロボットの監視や保守を行うのが人間の仕事になりました。また，ロボットを動かすコンピュータプログラムの一部を変えただけで，多様なバリエーションをもつ製品ができるので，多品種少量生産が可能になりました。このことは衣食住スタイルの多様化を促進し，教育の領域においても個性を大切にする動きにつながっていると考えることができます。

トフラーが 1980 年に出版した『第三の波』の内容がテレビ放送されて話題となったものの 1 つに，エレクトロニック・コテージがあります。コンピュータと通信機器を備えた山奥の別荘のようなところで，通勤などの煩わしいことから解放されて，世界とつながるリモートワークをグローバルに行う暮しです（図 1.7）。トフラーはすぐにリモートワークが普及するだろうと予言していましたが，特に日本ではほとんど浸透してきませんでした。ところが，その本の出版から 40 年後の今日，新型コロナ感染症問題でトフラーの予言が的中し始めたことには驚きを隠せません。

図 **1.7**　エレクトロニック・コテージでのリモートワーク

トフラーは 2016 年に亡くなりましたが，その 6 年前には，「次の 40 年に起こる 40 のこと（40 FOR THE NEXT 40）」を発表しました。その中には，企業や非政府組織など非国家主体の成長が，政治や経済に大きな影響を与えるようになり，多極化が進むなど，現在の世界で起こっていることと合致すること

6   1. 技術革新がもたらす人間社会の大きな変化

が多く含まれています。情報ネットワークの進展がグローバルに進むと，一方で多極化が進み，新たな分断と格差が生まれる傾向は，たとえるなら光が強いほど濃い影ができることにあたるのでしょうか。本書を読み進めることによって，そのような問題に取り組むための知識を得ていただければ幸いです。

1.2　産業革命の 4 段階

前節ではトフラーの主張に基づいて，人類と技術の歴史を大きく 3 段階にわけて紹介してきましたが，ここでは産業革命に注目して，近未来の状況まで見通した別の見方を紹介してみましょう。

世界経済フォーラムは世界中の政治経済学者や社会リーダーたちが世界の産業と世界情勢改善に向けて年に 1 回話し合う場です。2016 年にスイスのダボスで行われたフォーラムでは，産業革命を 4 つからなる複数のフェーズに分け（図

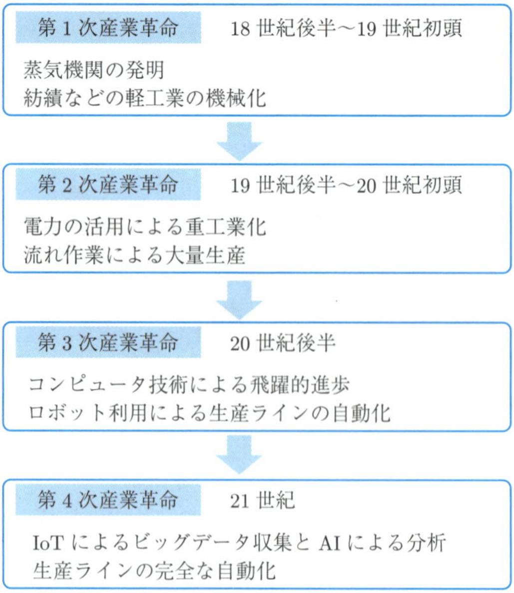

第 1 次産業革命　　18 世紀後半～19 世紀初頭

蒸気機関の発明
紡績などの軽工業の機械化

第 2 次産業革命　　19 世紀後半～20 世紀初頭

電力の活用による重工業化
流れ作業による大量生産

第 3 次産業革命　　20 世紀後半

コンピュータ技術による飛躍的進歩
ロボット利用による生産ラインの自動化

第 4 次産業革命　　21 世紀

IoT によるビッグデータ収集と AI による分析
生産ラインの完全な自動化

図 1.8　産業革命の 4 段階

1.8），近年の情勢は **AI**（artificial intelligence，人工知能）やビッグデータの活用により，第4次産業革命が進行しつつあるという提言がなされました[6]。では，4次にわたる産業革命がどのようなものだったのかみていきましょう。

1.2.1 第1次産業革命

1.1.2項でも紹介したように，最初の産業革命は，ワットの蒸気機関の発明がおもなきっかけとなって起こりました。石炭の熱エネルギーを利用する動力機械が生まれたわけです。

このような技術の進歩に対して，肉体労働者を中心とする手工業者が失業を恐れて，工場の織物機械を破壊する機械打ちこわし運動（ラッダイト運動）が19世紀の初頭に起こりました。このような反動は，やがて産業革命初期の劣悪な労働環境やそれをもたらす資本家に抗議する労働運動へと進展してきました。

一方で，蒸気船や蒸気機関車が実用化され，交通革命も始まり，石炭や鉄，綿花などの原材料と製品の輸送を安価で迅速に行うことができるようになり，イギリスは世界の工場と呼ばれました。

1.2.2 第2次産業革命

19世紀後半から20世紀初頭になると，軽工業から重工業への移行が起こりました。ドイツでは石油で動くエンジンが発明され，またアメリカの発明王エジソンが発電や送電を行う電気事業を始めました。それに伴って，自動車や飛行機などが急速に普及し，交通革命も急激に進展して，それまでのおもな交通手段であった馬にかかわる仕事は衰退していきました。

代わって，自動車産業などの新たな雇用が生まれましたが，大規模工場での流れ作業による大量生産が行われ，人間は機械化の一部であるような労働になりました。このような状況を風刺したチャップリン主演の映画『モダンタイムス』が封切られたのもこの頃です（図1.5参照）。

8　　1.　技術革新がもたらす人間社会の大きな変化

1.2.3　第3次産業革命

　20世紀後半になると，コンピュータやトランジスタが発明・活用されるようになりました。デジタル革命とも呼ばれた時期で，電話交換手やタイピストなどの職業はなくなりましたが，その代わりに，エレクトロニクス産業や通信・流通産業が急速に成長し，プログラマーやシステムエンジニアなどの新しい雇用が生まれました。製造業でもコンピュータや産業用ロボットを利用することにより，生産ラインを自動化することができるようになり，生産性・賃金・経済規模が飛躍的に拡大しました。

　また，1.1.3項で解説したようにコンピュータプログラムの一部を変えただけで，大量生産に替わって多品種少量生産ができるようになり，顧客のニーズに合わせたカスタム化が可能になりました。さらに，第2章で紹介するように，2000年前後にはGAFAMと呼ばれる，デジタル革命を利用した巨大企業が現れ，携帯電話を中心とするSNSの急速な発展を伴いながら，人々のライフスタイルは一変しました。このことは衣食住スタイルの多様化の一方で，携帯電話や宅配などにかかわる多くの雇用がうまれました。

1.2.4　第4次産業革命

　2010年ごろから始まり，現在も進行中の動向であり，AIやIoT（internet of things），ロボット技術，ビッグデータの活用が展開してきたことによって，新しいオートメーションやオペレーションが可能になり，製造業もモノを作るだけでなく，消費者やユーザー一人ひとりのニーズに素早く対応したサービスを提供することが求められるようになりました。また，グローバルに展開する競争のために，人員削減も含めたコストダウンや在庫の削減などが必要となってきました。

　第4次産業革命は，欧州最大の製造立国であったドイツが，国内の人件費高騰とアメリカのICT企業進出に対処するための国家プロジェクトを立ち上げたことがきっかけとなったといわれています。一方，日本も「ものづくり大国」といわれて久しいですが，少子高齢化社会が進む中で，第4次産業革命の急速

な進展をチャンスとして捉えることができるのか，心配になってしまいます。AI・ロボットの活用で生産性は伸びますが，雇用や賃金が伸び悩む傾向が続くと考えられ，所得格差が拡大することも考えらます。資金や情報がグローバルに展開する巨大企業に集中し，資本主義のあり方が変わる可能性さえあります。

1.3　日本発の Society 5.0 と DX の提言

現代の社会・経済・生活におけるさまざまな問題に対処するため，日本の政府や経済界が提言する新たな取組みを紹介してみましょう。

1.3.1　Society 5.0

2018 年に内閣府は Society 5.0 という構想を打ち立てました[7]。Society 5.0 は，第 5 期科学技術基本計画において日本が目指すべき未来社会の姿として初めて提唱されたもので，狩猟社会（Society 1.0），農耕社会（Society 2.0），工業社会（Society 3.0），情報社会（Society 4.0）に続く，新たな社会を目指すとされています。図 1.9 には，この構想に記載された 5 つの社会像と，これまで紹介してきた技術革新と社会変革の関係性の全体像を示しました。

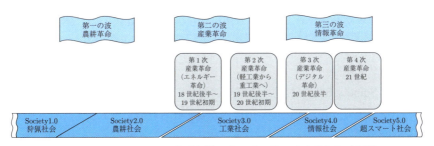

図 1.9　トフラーの 3 つの波（上段），第 1 次～第 4 次産業革命（中段），Society1.0～5.0（下段）の関連

図 1.10 では，Society 5.0 で構想された近未来の姿がわかりやすく絵にされています[7]。コンピュータネット上の空間（サイバー空間）と現実の空間（フィジカル空間）とを高度に融合させたシステム（CPS，第 8 章参照）を開発し，

10　　　1. 技術革新がもたらす人間社会の大きな変化

図 1.10　Society 5.0 で実現を目指す社会[7]

経済発展と社会的課題の解決を両立させながら，人間中心の社会を構築することを目標としています。

　これまでの社会では，例えば図 1.10 左上の絵のように，知識や情報の共有や連携が不十分で，分野横断的な連携が難しいという問題がありました。また，人の能力に限界があるため，あふれる情報から必要な情報をみつけて分析する作業が大変だったので，局所的で場当たり的なサービスや問題解決法がとられる場合がありました。

　そこで Society 5.0 では，すべてのモノがネットにつながる IoT やビッグデータの活用により，新たな価値や解決法が生まれる社会になるとされています。図 1.10 左下にもあるように，これまでの社会では，必要な情報を得たり，分析したりするには，相応の能力（リテラシー）を身に付ける必要がありました。それに対して Society 5.0 では，AI によるサポートが充実し，的確な情報が必要な時に提供される社会になるとされています。図 1.10 右上のように，これまでの社会ではサービスの地域格差や，高齢者のニーズに十分対応できずにいたの

ですが，IoT や GPS に連結したドローンなどの技術イノベーションにより，多様なニーズにきめ細かく対応することが可能になるとされています。さらに図1.10 右下では，これまでの社会では，加齢や障害に伴うハンディキャップにより，生活や就労などに制限が強かったのですが，ロボットや自動運転技術，パワースーツなどの運動機能補助技術，文字や音声，力覚情報の提示技術により，それらの障壁は低くなる社会が描かれています。

1.3.2　Digital Transformation の展開

Society 5.0 の構想と連動する形で，日本経済団体連合会（経団連）は，2020年に「価値の協創で未来をひらく」という副題で **Digital Transformation**（**DX**）を発表しました[8]。DX とはデジタル化の浸透による革新のことで，もともとは 2004 年に当時スウェーデンのウメオ大学教授であったストルターマン（E. Stolterman）が提唱した用語です。経団連の提案書では，「デジタル技術とデータの活用が進むことによって，社会・産業・生活のあり方が根本から革命的に変わること。また，その革新に向けて産業・組織・個人が大転換を図ること」と定義されています。産業構造 DX や企業 DX などが含まれる広範囲の提案書の中で魅力的なのは，人を，単に「消費者」として捉えるのではなく，多様化した社会の中で主体性をもって生きる「生活者」として全方位的に捉える観点です。

図 **1.11** は生活者の価値実現を目指す DX 実装プロジェクトについてまとめられたものですが，楽しく，楽に，健やかに，安心して生活を実現するために必要な DX として，モビリティ，ワンストップ，ヘルスケア，セイフティの各プロジェクトがあげられ，それらの共通基盤として必須となる官民データ連携プラットフォーム構築などがあげられています。一例をあげると，最近では，表計算ソフトウェアや他のソフトウェアからデータを読み込み，必要なデータを抽出し，経営状況や製造の状況などをリアルタイムに把握することができる **BI**（business intelligence）ツールの導入も始まっています。

このような社会の変革が近未来に本当に実現し，少子高齢化，地方の過疎化，貧富の格差などの課題が克服され，これまでの閉塞感を打破することができる

12　　1. 技術革新がもたらす人間社会の大きな変化

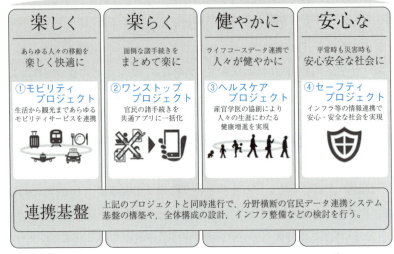

図 1.11　生活者の価値実現を目指す DX 実装プロジェクト[8]

かどうかは，AI，ロボット，IoT，ビッグデータなどの先端技術をあらゆる社会や産業に取り入れられるかにかかっています。みなさんには，AIとデータサイエンスの知識を深めながら，実現可能性や新技術がもたらすメリットやデメリットもよく吟味し，新しい社会への準備をしていただければ幸いです。

章 末 問 題

【1】これまでの人間社会の変遷について，生産物中心，エネルギー中心，情報中心，AI・ビッグデータ中心の各段階に注目して，それぞれの社会の恩恵と弊害について，各自の意見をまとめてください。

【2】Society 5.0 の到来を身近に感じた例を，身の回りの生活やニュースなどからあげてください。

【3】デジタル化の浸透による革新である DX は，価値の協創を目指していますが，生活者が楽しく，楽に，健やかに，安心して暮らすことができるようないろいろなサービスが始まっています。その中で，各自が DX の恩恵を実感した，あるいはこれは便利と思う例をあげてください。

第2章

AIやビッグデータがもたらす社会の変化

　第1章では技術革新が人間社会に及ぼした大きな変革について解説しました。この章では情報通信技術（ICT）の進展に焦点をあて，まず，コンピュータが誕生した時の様子や，その後の急激な発展を概観します。次に，コンピュータをはじめとする電子機器どうしのコネクションから生まれた通信ネットワークの急成長が，人間社会にもたらしたインパクトについて解説します。そして今日，なぜAIの活用がこれほど重要視されるようになったかについて，ビッグデータ解析との関連から理解を深めます。

2.1　コンピュータの誕生と発展の歴史

2.1.1　チューリングマシン

　イギリスの数学者のチューリング（A. Turing, 図 2.1）は，1936年に現在のコンピュータ誕生の基礎となった理論を提出しました。彼は，無限の長さをもつテープ状の記憶装置と，そのテープにあるデータを1つずつ読み書きするヘッド（操作部，CPUに相当する），どのデータを読み書きするかをきめる指令表（プログラムにあたる）を用意すれば，あらゆる記号処理が可能なことを理論的に示しました。彼が構想したこのような抽象的機械はチューリングマシンと呼ば

図 2.1　コンピュータのゴッドファーザーといわれるチューリング[9]

れます。人間の知識もある種の記号処理だとしたら，それらはすべてチューリングマシン上で実現できることになります。

　ところが，残念なことに，チューリングは，当時は違法とされていた同性愛者であることを告発されて，1954年に41歳で自死してしまいました。多様性を認めない時代がもたらした悲劇ですが，もしそのような偏見がなく，彼が長生きできていれば，コンピュータの進展はもっと飛躍的なものだったことでしょう。

2.1.2　エニアック―最初のコンピューター

　チューリングの原理に基づいて，1942年にアタナソフとベリーは最初の電子的に動作する計算機（Atanasoff-Berry Computer）を作りましたが，小規模で動作も不安定でした。本格的なコンピュータは1943年からアメリカ陸軍の研究所で開発が始まったエニアック（ENIAC）といわれています。図2.2にあるように，一棟の建物に相当するような巨大なもので，17500本の真空管から作られ，重量30トンでした。みなさんは真空管を知らないと思いますが，1960年代半ば頃までのラジオやテレビなどはすべて真空管から作られ，その中をのぞくと直径3cmで高さ10cmほどの円筒が熱や光を発していて，とてもきれいでした。それが2万本近く集まったコンピュータはものすごい熱を出し，それを冷やす装置も大がかりで大電力を消費したに違いありません。

図2.2　最初のコンピュータ，エニアック[10]

巨大な割にはエニアックの演算処理は毎秒5000回程度で，みなさんが使っているパソコンのCPUの演算処理は毎秒10億回以上でしょうから，いかに遅かったかがわかります。メモリもごくわずかで，プログラミングは多数の配線コネクタを抜き差しして，特定の配線パターンを作ることによって行われました。エニアックは大砲の玉の弾道計算に使われ，原子爆弾の開発にも利用されたといわれています。ですから，コンピュータも最初は武器だったわけで，人間が作り出すものの多くが戦争のために開発され，利用されるということは悲しいことですね。

2.1.3 ノイマン型コンピュータ―現在のコンピュータの原型―

図2.3は，ハンガリーのブダペストに生まれ，幼いときから天才といわれたノイマン（J. von Neumann）です。彼は，さまざまな学問領域で偉才を発揮しました。1945年には今のコンピュータの原型で，最も基本的な仕組みといわれるプログラム内蔵方式を用いたマシンであるEDVACを考案しました。この方式は，アドレスを付けた記憶装置に命令を書き込んでおき，それをアドレス順につぎつぎと取り出して実行するやり方です。みなさんのパソコンやタブレットもプログラム内蔵方式のおかげで，電源を入れるとWindowsやiOSなどが立ち上がって作業ができます。

図2.3 コンピュータの父と呼ばれるノイマン[11)]

図2.4は現在のコンピュータの基本構成をシンプルに描いたものです。制御と演算を担う中央処理装置（central proccesising unit, **CPU**）はアドレスバス（番地を指定する配線の束）とデータバス（データの読み書きを行う配線の束）を介してメモリや，入出力コントローラを通してさまざまな入力装置・出力装置とつながっています。メモリには読み出し専用メモリ **ROM**（read-only-memory）と読み書き可能メモリ **RAM**（random access memory）の二種類あります。ROMはおもにプログラム用，RAMはデータ用として利用します。

2. AIやビッグデータがもたらす社会の変化

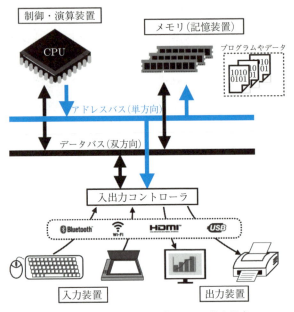

図 **2.4** ノイマン型コンピュータの基本構成

入出力コントローラはキーボードやマウス，ディスプレイなどの装置を，数種類の標準化された通信規格（BluetoothやUSBなど）に基づいて制御します。アドレスバスはCPUが命令やデータのあるメモリの番地を示し，データバスはCPUが読み書きするデータの転送を行います。

　CPUはメモリに記憶されているプログラムの先頭番地から一命令ずつ順番に読み出し，命令を解析して実行します。命令の実行にあたり，アドレスバスで示された番地にあるデータの読み書きがデータバスを介して行われます。プログラム内蔵方式によって，メモリに実行命令をあらかじめ書き込んでおき，逐次機械的に命令を実行するコンピュータをノイマン型と呼びます。これは基本的に直列的な順序に従い処理が行われるので，チューリングマシンと同じであることがわかります。なおアドレスバスやデータバスの太さは，メモリの大きさや，一命令あたりに処理できるデータの量を制限します。この処理能力の限界をノイマンボトルネックと呼びます。

1970年代後半頃，パソコン普及のきっかけとなったマイコン（マイ・コンピュータの略で和製英語）のCPUは8ビット（bit）でデータバスは8本でした。1ビットは0か1のどちらか2通りの信号を表します。そうすると，8ビットでは2の8乗（256）通りのデータを表現することができ，これが1バイト（byte）にあたります。ですから，当時のマイコンは1バイトずつデータを処理するものでした。その後，16ビットCPUが登場し，現在では32ビットや64ビットのCPUがあたりまえになり，一度に多数バイトの情報を処理することが可能になりました。データバスやアドレスバスも64本となり，これらが小さなICチップに集積されているのですから驚きです。

また近年では次節でも述べるように電子機器の小型化が急速に進み，特定の用途を実行するコンピュータシステムが内蔵されている組み込み型の機器がたくさん作り出されてきました。携帯電話，家電製品，AV機器，自動車，FA機器など，今や暮らしや産業に欠かせないものとなっています。

2.1.4 ムーアの法則

最初のコンピュータが真空管で作られていたことはお話ししましたが，そのあと直径5 mmほどのトランジスタに置き換わり（図 2.5），テレビやラジオも小型化することが可能になりました。1960年代になるとトランジスタ10個程度を2 × 0.5 cm程度の長方形のケースに詰め込んだIC（integrated circuit，集積回路）が開発され，1970年代にはLSI（large-scale integration，大規模集

図 2.5　電子回路の進化

積回路）が登場し，トランジスタ1万個以上を埋め込んだCPUが生産されるようになりました（現在では数百億個以上）。

CPUや半導体などのメーカーとして知られるインテルの創業者の1人であるムーア（G. Moore）は，1965年に集積回路の性能は1年半ごとに2倍になると予測しました。この法則によると，指数関数的に3年後には4倍，6年後には16倍の性能をもつ回路が生産されることになります。パソコンを購入しても，2, 3年もたつと，また新しいものに買い替えたくなる理由もムーアの法則からすれば当然のことなのでしょう。新しいパソコンは小型軽量化されたのに性能は倍の倍となっていきました。同じように携帯電話の進歩にも驚くばかりです。もっとも最近では，集積回路の進化にも物理的・技術的な限界点があり，ムーアの法則にも陰りがみえると指摘する声もあります。

2.1.5　並列分散処理型コンピュータの誕生

人間をはじめ，動物の脳内にはCPUのような働きをするユニットはありません。その代わりにニューロンと呼ばれる神経が億単位で存在して，緊密なネットワークを形成しています（図2.6）。ニューロンから次のニューロンに伝わる信号の伝達速度は数ミリ秒ほどで，コンピュータと比べると格段に遅いのに，人間はちょっとした課題（例えば誰の顔かあてるなど）なら，数百ミリ秒程度の反応時間でこなすことができます。このことは，複雑な課題でも約100ステップ

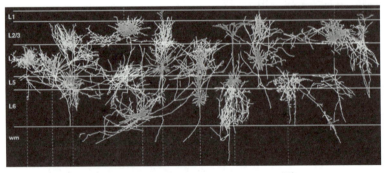

図 2.6　脳内のニューロンのネットワーク[12)]

以下で行われていることを示しています。ところが，同様な処理をノイマン型コンピュータのような直列逐次処理型コンピュータでやろうとすると，ちょっとしたものでも数千から数万ステップのプログラムが必要です。ニューロンのような遅い素子でも素早い処理が可能なのは，神経系では直列型コンピュータとは原理の異なる処理がなされているためです。

このような考えに基づいて，脳内の神経回路網（ニューラルネットワーク，ニューラルネットと略すこともある）のふるまいをまねて，信号を並列的に分散処理するアプローチが，1986年に心理学者のラメルハート（D. Rumelhart）らにより提唱されました。実はその15年ほど前から，日本では甘利俊一が神経情報処理の基礎理論を構築し，福島邦彦は文字認識に応用して，並列分散処理型のニューラルネットワークモデルを構築していました。

ニューラルネットワークでは入力層に十分な情報を与え，適当な数の中間層を用意し，出力層の応答が望むべき解を表すように各層のユニット間の結合の強さを学習によって最適化していく方式をとるので，幅広い応用範囲があります（第3章以降を参照）。ただし，完全に誤りのない動作ができるわけではなく，しかも誤りを正そうとするのは困難で，人間と同じように再学習を行う必要があります。**表 2.1** には直列逐次処理型（ノイマン型）と並列分散処理型（ニューラルネットワーク型）の長所と短所をまとめてあります。

表 2.1　直列逐次処理型と並列分散処理型コンピュータの比較

	直列逐次処理型（ノイマン型） パソコンなど，現在の主流コンピュータ	並列分散処理型 ニューラルネットワーク型
プログラム	必要 内蔵型	ほとんどいらない 学習型
動作	制御可能 予測可能	完全な制御は困難 時として予測不能
保守	容易（デバッグ，パッチ処理）	困難（再学習が必要）
知識の記述	明示的 分析的	暗示的 直観的
知識の分布	局所的	分散的
応答	正確 デジタル的	ほぼ正確 アナログ的

並列分散処理が提唱された当時の集積回路技術では，ニューラルネットワークも小さな規模で 3 層程度のものしかシミュレートできない状況にありましたが，2000 年代になると，集積回路技術が飛躍的に伸びることで，ニューラルネットワークの階層も何層にも多重に増やすことができ，精度の高い機械学習である「ディープラーニング（深層学習）」が実現可能になりました。学習方式も教師なし学習や強化学習，ベイズモデルなどさまざまなものが開発され，今日のAI ブームが引き起こされました（第 3 章以降を参照）。

2.1.6 量子コンピュータの出現

並列処理は脳の仕組みをまねて発展してきましたが，近年では量子のふるまいを並列計算に取り組む試みが盛んになされるようになってきました。量子は原子を構成する最小単位で，不思議なことに，粒子性（物質の性質）と波動性（状態の性質）の両方を併せもちます。この性質を利用して量子ビット（quantum bit）というアイディアが生まれました。通常のコンピュータ回路で処理される情報の基本単位はビットで，1 か 0 でしか表されませんが，量子ビットでは幾通りのもの状態（N）を保存することが可能になります。したがって，2N の状態を同時に計算することができ，並列処理の速度が格段に速くなります。量子コンピュータはまだ十分に実用化はされていませんが，これまでのコンピュータでは解読に数年もかかることになる暗号を数分で解析することが可能になるといわれており，今後の情報社会生活にも大きなインパクトをもたらしそうです。

2.2 ICT の進展

現代社会と未来社会の展開を考察する両輪となるキーワードは人工知能（AI）とビッグデータです。AI がコンピュータを中心とする技術を基盤としているのに対し，ビッグデータを生み出したのは ICT（information and communication technology，情報通信技術）です。つまり情報処理だけではなく，情報機器などの相互のコミュニケーションを活用した産業やサービスの発展によるもので

す。以下，ICT の急速な発展を概観してみましょう。

2.2.1 インターネットの誕生

インターネットのもともとの意味は，「複数のネットワークの間をさらにつなげたネットワーク」という意味でした。今では世界中の情報機器が多重に接続した国際的規模のネットワーク（略称，ネット）を指すようになりました。インターネットの歴史をみてみると，最初のものは，**表 2.2** に示すように，1967 年に

表 2.2 ICT の進展を示した年表

1967 年	世界初のパケット通信ネットワークであるアメリカ国防総省国防高等研究計画局の ARPANET の構築がはじまる インターネットの通信制御規約（プロトコル）のベースとなる TCP/IP の規格化がはじまる
1975 年	Microsoft 社創業
1977 年	Apple Computer 社創業
1979 年	CompuServe がパソコンユーザー向けのメールサービスを開始
1983 年	ARPANET が学術研究専用利用となる
1984 年	日本で TRON プロジェクトと JUNET（Japanese university network）がはじまる Apple Computer 社が GUI（graphical user interface）を採用した Macintosh コンピュータを発売
1985 年	アメリカで商用 ISP（internet service provider）の運用開始
1991 年	欧州原子核研究機構がはじめて Web サイトを立ち上げる
1993 年	Web ブラウザ Mosaic がはじめて公開され，その後の標準的なブラウザの原型となる
1994 年	Amazon，Yahoo!などがサービス開始
1995 年	Microsoft 社が GUI を採用した Windows 95 を提供開始
1998 年	Google 社が創業
1999 年	RFID（radio frequency identification）タグの利用により IoT（internet of things）という用語が生まれる
2004 年	アメリカの Facebook，日本の Mixi など SNS がはじまる
2006 年	Twitter（現在の X）がサービス開始
2007 年	iPhone がスマートフォンとして発売される
2011 年	日本発の LINE がサービス開始

22   2. AI やビッグデータがもたらす社会の変化

軍事利用目的で開発されたアメリカ国防総省国防高等研究計画局の ARPANET でした。そして，インターネットの通信制御規約（プロトコル）のベースとなる **TCP/IP**（transmission control protocol/internet protocol）が作られました。ARPANET は 1983 年には軍事部門から離れ，学術研究専用となり，1984 年には日本でも大学間ネットワークの利用が可能になりました。

2.2.2 Web の誕生

Web は今ではあたりまえの言葉ですが，正式名称は **WWW**（**world wide web**）です。世界中にネットワークがクモの巣（web）のように張り巡らされた状態をイメージしたもので，1991 年に欧州原子核研究機構が初めて Web サイトを立ち上げたとされています。

転送に用いられるプロトコル（通信手順）には，**HTTP**（hypertext transfer protocol）が標準的に使われ，サイトの識別名として **URL**（uniform resource locator），ページ記述言語として **HTML**（hypertext markup language）が開発されました。1993 年には，Web サイトの文書や画像の閲覧や公開ができるソフトウェアとして，HTML と HTTP を実装した Mosaic が公開され，その後の標準的な ブラウザ（web browser）の原型となりました。Web やブラウザができたおかげで，それまでは電話回線や電子メールなどで一対一のコミュニケーションをこじんまりとしていた状態から，世界中の不特定多数の人々に大量の情報を開示したり，あまり目的をもたずに，興味の赴くままにさまざまな Web サイトを閲覧し続けること（ネットサーフィンと呼ばれました）ができるようになりました。このような情報通信の自由化や民主化ともいえる大きな流れがインターネットを急速に発展させ，次に述べるように巨大な情報産業も生まれました。

2.2.3 巨大 ICT 企業の誕生

1975 年には後に Windows という OS を世界中に広めた Microsoft 社，1977 年には後に iPhone などをスマートフォンとして普及させた Apple Computer

社，1994 年にはネットショッピングを展開する Amazon や Yahoo!，そして今では世界中のほとんどの情報を集約しているのではないかとさえいわれる Google 社が 1998 年に起業しました。これら世界の ICT を席巻する企業は，頭文字をとって **GAFAM**（ガアファム，Google, Apple, Facebook, Amazon, Microsoft）と呼ばれています（Facebook，現在は Meta は次の項で述べます）。

2.2.4 SNS の 誕 生

2000 年以前の ICT では，サイトとユーザーのつながりや，サイトどうしの通信がおもなものでしたが，2000 年を過ぎると，個人間のコミュニケーションを中心とした SNS（social networking service）が盛んになりました。2004 年の Facebook（現在は Meta 社が提供），2006 年の Twitter（現在の X）は代表格ですが，日本では 2011 年に東日本大震災を契機として LINE サービスが開始され，今ではアジア圏の国々で広く利用されています。

SNS は個人どうしのつながりに基づいてはいますが，友達やフォロー，リポストなどの機能を使うと，特定の情報がたちまちのうちに拡散します。携帯電話（特にスマートフォン）の普及とともに，個人の発信力がメディア大手に匹敵する影響力をもつ場合があり，社会運動や政治活動として利用されることもあります。また誹謗中傷や炎上，デマなどのトラブルを発生させることも大きな問題となっています。個人情報保護や「忘れられる権利」（プライバシーが侵害される問題がある情報を削除する権利）などの情報倫理，データ倫理を守ることがきわめて重要です。

2.2.5 IoT の進展とビッグデータ

これまでは人どうしのつながりをささえるインターネット技術が中心でしたが，21 世紀になるとモノどうしのインターネットを介したつながりを表す **IoT**（internet of things）の普及が重要視されるようになりました。IoT は，IC チップ（大部分のクレジットカードについている金色のタグなどのこと）の原型を開発した技術者アシュトン（K. Ashton）が 1999 年に提唱したビジョンです

が，それ以前から提唱されていたユビキタスコンピューティング（いたるところでコンピュータが使える情報環境）という考え方が背景にありました。

現在では，図 2.7 に示すように，大部分の人が携帯電話や各種カードを使い，車にはナビが付けられ，街は監視カメラであふれ，工場や農業生産で使われるさまざまな機器やセンサ，そして日常品の多くが IoT 技術によってネットにつながるようになりました。例えば，外出時に携帯電話から自宅のエアコンにアクセスし，帰宅時には最適な室温になっているといった，利便性に富むライフスタイルも可能になりました。

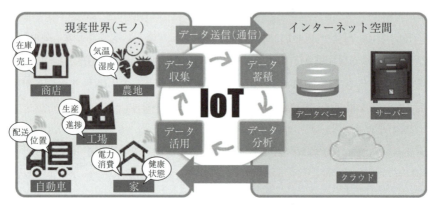

図 2.7 IoT のイメージと活用[13]

2.3 ビッグデータの時代

インターネット，SNS，IoT やさまざまなセンサなどの ICT の急速な進展によって，人類はこれまでにない膨大な量の情報を日々，発信するようになりました。ある半導体メーカーの報告によると，2015 年には ICT 機器は 100 億個から 15 年で 10 兆個を超えるといわれています[14]。それに伴って，蓄積される情報量は 2030 年には 1 ヨッタ（10^{24}）バイト（1 兆バイトの 1 兆倍）を超えるとも見積もられています（これに伴う深刻な問題は 5.3 節を参照してくださ

2.3 ビッグデータの時代

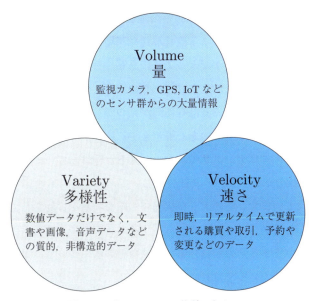

図 2.8 ビッグデータの特質である 3V

い)。これらの膨大なデータはビッグデータと呼ばれ、図 2.8 に示すような 3V と呼ばれる特徴をもっています。以下で、この 3V について解説します。

まずは、その名のとおりデータ量の大きさを表す V (**volume**) です。コンビニでのキャッシュレスの買い物やポイント情報、携帯電話やカーナビによる位置情報、SNS などでのコミュニケーションや Web サイトのアクセス情報などを集積すると、すぐにテラ (10^{12}) バイトからペタ (10^{15}) バイトを超えて増大していきます。

次にデータの種類の多さを示す V (**variety**) は、テキストや動画像、音声や音楽、購買情報や行動履歴、気象データなど各種センサから情報など多種多様で、ほとんどが決まった構造をもたずに整理や分類が困難な非構造化データ (3.1.2 項を参照) です。

もう 1 つは速さを表す V (**velocity**) で、上に述べた大量の種々雑多の情報が、位置情報や予約情報、株価などのようにリアルタイムで変化していきます。

従来は、このようなビッグデータを扱うのは、容量や速度の問題で困難でし

26   2. AI やビッグデータがもたらす社会の変化

たが，今日のコンピュータや ICT 技術の進展により，それが可能になってきました。高性能コンピュータによる統計解析や深層学習などによって，それらのビッグデータの網羅的解析ができるようになり，データの中にある潜在法則や構造を抽出するデータマイニング（データの採掘）が可能になりました。ただし，データマイニングで，ある潜在傾向が見つかったとしても，それらを現実の人間生活に対応させて意味のある解釈をすることが非常に大切です。このような仕事を担う人材はデータサイエンティストと呼ばれています。

　今日の AI 社会やビッグデータ社会において，みなさんも否応なく大量の情報にさらされています。そのような状況で的確な判断や行動をしていくためには，みなさん自身が，ある意味でデータサイエンティストであることが求められていると思います。その際に必要な知識や思考法について，本書を取り掛かりとして身に付けていってほしいと思います。

章 末 問 題

【1】 1979 年に日本のメーカーから初めて販売されたパソコンの性能は，8 ビット CPU で，そのクロック周波数が 4 MHz 程度，メモリ（RAM）の容量は最大でも 160 KB（キロバイト）でした。みなさんの周りにあるパソコンの CPU のビット数とクロック周波数，そしてメモリ（RAM）の容量を調べ，1979 年当時のものとそれぞれの値を比較してください。調べ方は，検索サイトに「パソコン スペック 確認方法」などのキーワードをいれて検索してみてください。

【2】 みなさんの身の回りのもので，ICT（情報通信技術）を活用していると思われるものを列挙してください。そして，これから先の近未来に利用が拡大されるであろう ICT 機器やサービスについて，アイディアを紹介してください。

【3】 インターネットや SNS を利用する上で，大切なマナー（ネットマナー，ネチケット）について調べ，守るべき基本となるマナーをあげてください。

第3章

AI 研究の歴史と生成 AI の汎用化

　ここまで，人間社会における産業の変化，またコンピュータの発展や ICT の進展を概観してきました。この章では AI 研究という観点から歴史を概観し，そこからもたらされた今日の生成 AI の誕生，そして今まさにさまざまなサービスとして展開されつつある生成 AI の社会的な捉えられ方を見ていきます。

　AI という言葉は日常的に使われるようになってはいますが，あいまいさを帯びています。今後，各方面でさまざまに議論がなされ，それに伴って言葉の使われ方も変化し，その意味も少しずつ変わっていくことでしょう。こうした変化に対応するためにも，ここでは現状におけるいくつかの分類を考察し，今日われわれの社会で起きている AI のインパクトについての理解を深めます。

3.1　AI のさまざまな分類

3.1.1　AI 研究とロボット研究の違い

　まず，人工知能（AI）とロボットの違いと接点について考えておきましょう。これまで社会にはさまざまな種類のロボットが研究開発され，今もさまざまなかたちで稼働しています。ロボットの進化や社会での取り扱われ方，諸問題については第 4 章，第 5 章で取り上げ，この章ではロボットと AI を分類することをいったんの目的とします。

　さて，「ロボットを目に見える物理的な存在である」という前提から始めてみましょう。ロボット掃除機であれ，接客ロボットであれ，工業用ロボットであれ，それらは目に見える物理的な存在です。では AI とはどういった位置づけ

になるのでしょうか。

図**3.1**にAIとロボットの違いを示します。

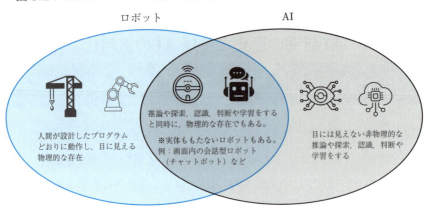

図**3.1** AIとロボットの違い

AIはロボットの脳にあたります。ロボット研究では脳以外の側面も多くあり、「ロボット研究の一部がAI研究」であるとまずはいえそうです。しかし、一方でAI研究にはまったく物理的ではない側面の研究も存在します。入力情報をもとに推論や探索、認識や判断、アドバイスをするといった側面、つまり目には見えない非物理的で抽象的な「思考」を追い求める研究です[15]。

いったんまとめておくと、AI研究とロボット研究とはオーバーラップする領域があると同時に、目に見えるものと見えないものとして大別できる領域もあると理解しておきましょう。また、図3.1でロボットとAIがオーバーラップしているところには、ロボットに搭載されるAIが含まれます。まだ存在してはいませんが、鉄腕アトムのような存在が現われるとすると、きっとここに含まれるでしょう。さらにこの重なり部分は、チャットボットやソフトウェアロボットなど見えないロボットも該当します。

「AIとは何であるか?」という問いに対する明確な回答はいまだにありません。しかし前述のとおり、AIが推論や探索、認識や判断といった人間の目には見えない知的な能力を備えた機械やシステムであるという点については一定の意見の一致があると思われます。

3.1.2 AIの歴史－3つのAIブーム－

AIという言葉は，1956年にアメリカで開催されたダートマス会議において，ジョン・マッカーシー（J. McCarthy）という著名なAI研究者によって初めて使われました[16]。ダートマス会議から1960年代にかけては第1次AIブームと呼ばれる期間で，ゲームなどの限定された世界の問題に対して適切な解を見つける推論と探索が中心課題でした。この時代に現在の機械学習に連なる研究も開始されており，多くの技術が生まれ検討されています。図3.2にAIの歴史を示します。

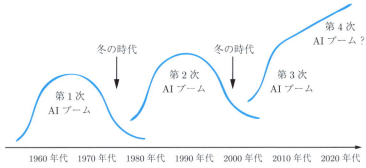

図 3.2 AIの歴史

しかし，迷路や数学の定理の証明のような簡単な問題，いわゆるトイ・プロブレム（おもちゃの問題）は解けても複雑な問題には対応できませんでした。結果的に実用に耐えるシステムは構築されずブームは急速に冷めていき，1970年代にはAI研究は冬の時代を迎えました。

1970年代になると研究動向に変化があり，知識という観点が強く認識されるようになりました。データベースに特定分野の専門家（エキスパート）並みの知識を膨大に集積したエキスパートシステムの開発が多く試みられるようになりました。このシステムは事前に専門家の知識や規則，事実を集めた知識ベースを作成し，そこから推論して結論を導き出します（この方法をルールベースと呼びます）。1980年代には高性能コンピュータが広く利用されるようになったために，あらかじめ人間が作成した膨大なルールに従って推論するルールベー

ス型 AI の実用化が多く試みられました。これを第 2 次 AI ブームと呼びます。日本でも政府によって第 5 世代コンピュータという大型プロジェクトが推進されました。

しかし，膨大な知識の蓄積や計算処理に多大な時間が必要となること，システム管理の困難さ，各システムが特定の分野に特化しているがゆえの転用の難しさが明らかになり，第 2 次 AI ブームは終わりを迎え，AI 研究は 1995 年ごろから再び冬の時代に突入します。

第 2 次 AI ブームののち，エキスパートシステムでのボトルネック（特定分野への知識の特化）の解消をめざして，「自ら学習する機能」が求められることになります。また 1990 年ごろからインターネットなどの情報通信技術が普及し始めたことにより，大量のデータを用いることができるようになったこと（ビッグデータに関しては 2.3 節を参照）を背景として，AI が自ら知識を獲得する機械学習の研究が盛んになりました。機械学習が汎用的に適応されるには構造化データが必要です。これは，例えば Excel などスプレッドシート型の表計算ソフトウェアの行と列といったかたちの，事前に定めた構造をもつデータです。しかし，このような構造化データを準備することに困難がありました。ここで図 3.3 に示す構造化データと非構造化データの違いをイメージしてください。テキスト，画像，動画，音声などのデータも存在しますが，これらは行や列で表現するのが難しい非構造化データです。図中のメタデータは，データを補足説明する情報で，データに付加するとデータの分析，検索，整理などが容

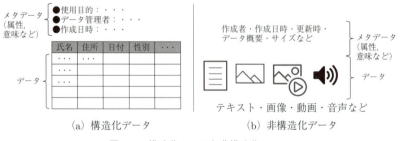

図 3.3 構造化データと非構造化データ

易になり，データの活用範囲が広がります。そのため，データへのメタデータの付加（データのメタ化）は，とても重要な過程といえます。

さて，テキスト，画像，動画，音声などの非構造化データを機械学習で取り扱えるようにするためには，それらが何に関するデータなのかを認識する必要があります。例えば画像認識で考えると，色や形状，質感などの知識を定義するため，それぞれ注目すべき特徴を定量的に表現した特徴量を抽出します。

こうした特徴量を抽出するための研究がさまざまな領域で進められていましたが，2010年ごろにAIが特徴量を自動的に抽出するディープラーニング（深層学習，2.1.5項参照）が登場して状況が一変し，第3次AIブームが到来しました。このディープラーニングの登場によって，例えば高精度な画像認識が可能になったり，2015年に囲碁の世界チャンピオンにAIであるAlphaGo（アルファ碁）が勝利したりするなどの象徴的な出来事が重なり，現在の盛り上がりにつながっています。

3つのAIブームを大まかにまとめると，第1次AIブームは「推論・探索の時代」，第2次AIブームは「知識の時代」，第3次AIブームは「機械学習と特徴表現学習の時代」であると言えるでしょう[17]。こうした経緯から，AIは従来の延長上の連続的な発展ではなく，その都度直面する課題を技術的にブレークスルーし，階段を飛び越えるように飛躍的な発展（AIの非連続的進化）を遂げながら現在に至っています。また，生成AIが急速に多様化，一般化してきた今現在が，第4次AIブームに入っているとの見方もあります。

3.1.3　AI技術の整理

ここまで，「AI」，「知識」，「機械学習」，「特徴量」，「ディープラーニング」という概念が登場しました。特に鍵となるのは特徴量です。AIにデータを学習させるためにはデータが構造化されていることが重要で，データの中の何に着目して特徴づけるのかが重要なポイントです。これがなければAIが「何を学習すればよいのか」，「何を予測すればよいのか」などの設定ができないからです。そしてこの特徴量の設定を人間が行うのか，あるいはAIが行うのかの違いが

機械学習とディープラーニングの決定的な違いといえるでしょう。

3.1.4 機械学習

AI技術の簡単な整理をしましたので、次に機械学習について少しだけ深掘りをしましょう。図 3.4 に示すように機械学習にもいくつかの分類があります。

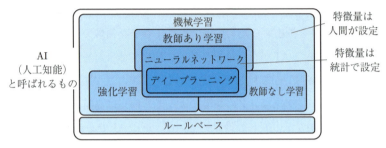

図 3.4　機械学習の分類

まず、図 3.5 に示す教師あり学習です。これは与えられた学習用データとそのデータに対する正解をペアで与えて学習する機械学習の手法です。データには正解のラベルが付いており（教師データ）、AI 側はこれらのラベルを使用して学習し、新しいデータに対する予測を行います。実現できる典型的な情報処

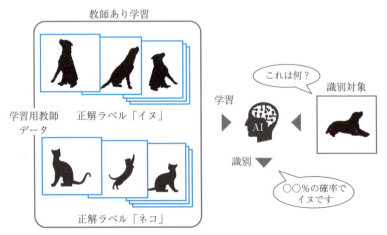

図 3.5　教師あり学習（多くのネコとイヌの画像に正解のラベルを付けて学習し、新しい動物の画像がネコかイヌかを識別する例）

理としては，識別（図 3.5 に示すような画像認識や音声認識）や分類（スパムメールの分別），そして予測（株価や住宅価格の予想）があります。

次に，図 **3.6** に示す教師なし学習です。教師なし学習は，教師あり学習では与えられていた正解のラベルがついていないデータからパターンや構造を抽出する手法です。AI 側では，データがもつ構造や特徴，類似性を学習します。代表的な情報処理には，図 **3.7**(a)〜(c) に示すクラスタリング（例：図 3.6 に示すような画像のグループ化，購買行動パターンによる顧客のグループ化など），

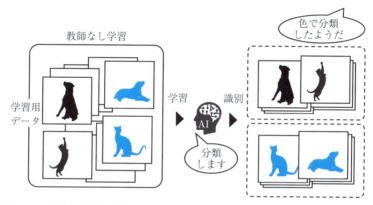

図 **3.6** 教師なし学習（多くの動物の画像を学習してクラスタリングを行う例）

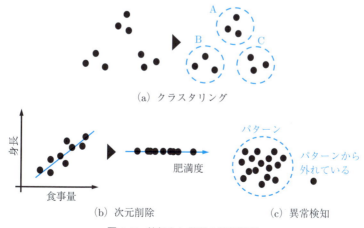

図 **3.7** 教師なし学習の情報処理

次元削減（多次元のデータをより少数の次元にまとめるなど），異常検知（医療データから癌などの検出や，金融における不正取引の検出など）があります。

次に，強化学習についてです。これは AI が課せられた作業環境との相互作用を通じて，最適な行動を学習する機械学習の手法です。図 3.8 は動画推薦システムを例とした強化学習のイメージです。この場合の AI の目標は，視聴者に魅力的な作品を継続的に推薦し，視聴者が推薦された動画に満足し，利用頻度が高まることを目指すことです。

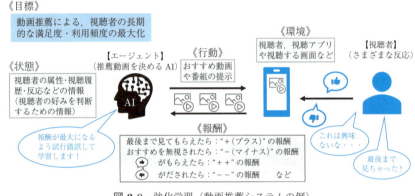

図 3.8　強化学習（動画推薦システムの例）

強化学習を行う AI の主体はエージェントと呼ばれる，自律的に目標達成を目指すニューラルネットワークで構成されるソフトウェアです。エージェントの動作に関するキーワードは「環境」，「状態」，「行動」，「報酬」です。

エージェントは，作業の対象とする環境（この例では視聴者と視聴者が用いる動画配信アプリや画面など）の状態（視聴履歴や視聴状況など）を観測し，それに応じた行動（ここではある映画や番組などを推薦すること）を行います。

その結果，エージェントは行動がどれだけ成功したかを示す数値を受け取ります。これが報酬です。この例でいえば，視聴者がお勧め作品を最後まで見たら "＋"，いいねをつけてくれたなら "＋＋"，逆に視聴をすぐにやめたり推薦を無視したなら "－" の報酬を受け取るというような形になります。エージェ

ントは，推薦した結果がより高い報酬につながるように学習します。

強化学習では，このような試行錯誤を繰り返し繰り返し行って報酬を最大化します。つまり，視聴者の好みを反映した，より楽しめるコンテンツを提供し続けることができるようにしていきます。

強化学習は推薦システム以外にも，ゲームプレイ（チェスや囲碁，将棋），ロボット制御，金融取引などで使用されます。

最後にディープラーニング（深層学習）です。ディープラーニングは多層ニューラルネットワークを使用して複雑なパターンや表現を学習する機械学習の分野です。ニューラルネットワークとは人間の神経回路を真似することで学習を実現しようとする考え方で，その古典的なモデルに 1950 年代に発案されたローゼンブラット（F. Rosenblatt）の単純パーセプトロンがあります。単純パーセプトロンは図 3.9 (a) のように複数の入力と単一の出力（0 か 1 か）で構成されています。1970 年ころから 1980 年代後半にかけて，網目状の構成をもつニューラルネットワークを並列分散処理に用いるアプローチが提案され（2.1.5 項参照），図 (b) に示すような 3 層あるいはせいぜい 4 層で構成されるニューラルネットワークの研究が盛んに行われました。現在の AI につながる業績として

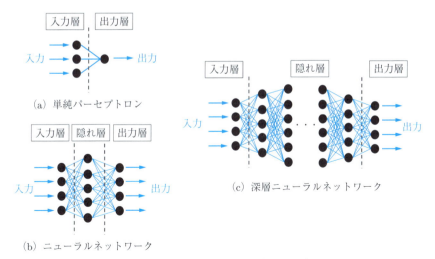

図 3.9　ディープラーニング（深層学習）

36   3. AI 研究の歴史と生成 AI の汎用化

2024 年のノーベル物理学賞を受賞したヒントン（G. Hinton）とホップフィールド（J. Hopfield）のニューラルネットワークによる機械学習に関する発見，発明も 1980 年代のことです。しかし当時の集積回路技術では，ニューラルネットワークの実際の応用は限定的なものでした。深層ニューラルネットワークはそのニューラルネットワークを多層化することでディープ（深層）となり，ヒントンらが中心となって新しい学習方法としてのディープラーニングが開発されました。図 (c) のとおり，「入力層」と「出力層」の間に位置する中間の層（「隠れ層」）が多層になっているのがわかると思います。この「隠れ層」が多層化し，より複雑で多様な学習が可能となり汎用的になった結果，適用可能性が大きく広がりました。画像認識，音声認識，自然言語処理などの作業課題（タスク）で非常に成功しており，最先端の技術として注目されています。

　これらの学習手法は相互に関連しており，さまざまな問題に対処するために組み合わせることがあります。例えば，強化学習は教師あり学習の一形態として捉えることもでき，ディープラーニングは教師あり学習や教師なし学習の手法として使用されることもあります。また，転移学習という考え方もあり，これは学習済みの知識を別の問題にも適用することで学習時間を短縮したり，学習データが少ない状況でも効率化に学習を進めることを可能にします。

　このように，現在ではさまざまな組合せで大量のデータを事前に学習させることができるようになっており，こうして構築された機械学習モデルのことを基盤モデルと呼びます。

3.1.5　AI をレベルで分析する

　私たちの日常生活の次元と関連付けて AI を分類します。まず，AI と言われるものを図 3.10 に示す 4 つのレベルでの分類を考えてみましょう。

　まずレベル 1 として，単純な制御プログラムがあります。エアコンや洗濯機，冷蔵庫といった家電にはさまざまな制御プログラムが搭載されています。例えば，室内の気温に合わせて風量や設定温度を自動で調整してくれるエアコンや，扉の開け閉めで生じる庫内の温度変化に応じて温度を調整してくれる冷蔵庫な

3.1 AI のさまざまな分類   37

レベル 1
単純な制御プログラム

温度センサーを用いてエアコンの風の温度や風量を制御するようなシンプルな機能

レベル 2
古典的な AI

自ら学習はしないが，ロボット掃除機のように複雑な振る舞いを見せる機構

レベル 3
機械学習を取り入れた AI

通販サイトの推薦システムのように自ら特徴やルールを学習するもの

レベル 4
ディープラーニングを取り入れた AI

機械学習の中でもディープラーニングを取り入れ，複雑な学習を実現したもの

図 **3.10** AI の 4 つのレベルでの分類

どです。これらはあらかじめ決められたルールに従ってタスクをこなすだけのもので，現在最先端の AI の技術からするとあまりにも単純なものでしょう。

次にレベル 2 の古典的な AI があります。このレベルの AI は，自らは学習しないが，入力（AI 側の情報の受け取り）と出力（入力の後の AI 側の判断）の組合せが多く，状況に応じた複雑な振る舞いが可能です。例えば，住環境に応じて行動を変えるロボット掃除機が相当します。

次のレベル 3 が機械学習を取り入れた AI になります。レベル 1，2 は人間が決めたルールに従って入力と出力が関係づきますが，レベル 3 ではこの関係づけに機械学習が取り入れられ，ビッグデータをもとに学習されたアルゴリズムが利用されます。例えば，検索エンジンや通販サイトのおすすめなどがこれにあたります。レベル 3 の AI は，自らが入力からパターンを見いだし，それに基づいて出力（判断）が調整されます。ここで重要なのは，機械学習の学習自体は自動で行われますが，学習時に参照するデータの特徴量は人間が設定する必要があるという点です。

最後にレベル 4 のディープラーニングを取り入れた AI です。このレベル 4 がレベル 3 と決定的に違う点が，前述の特徴量の設定を誰が行っているのかというところです。レベル 4 の AI は，この特徴量の調整を含めて自ら学習を行うことができる，すなわちディープラーニングが取り入れられており，膨大な量のデータを処理することができるようになっています。今日，世間を賑わせ

ている生成 AI の多くはこのレベル 4 に含まれますし，自動運転技術に使われる AI もこのレベルに位置します。

3.1.6 強い AI，弱い AI

さて，また別の観点からの分類も紹介しておきます。さまざまな AI が社会に登場している現在，AI の能力と人間との比較の観点から，強い AI (strong AI)，弱い AI (weak AI) という分類をよく目にします。もともとは哲学者のジョン・サール (J. Searle) が提言したものです。「強い AI」は推論，学習，問題解決などのさまざまな知的なタスクを実行し，あらゆる領域で人間の能力を模倣または超えることが想定されます。また自己意識をもち，自己目標を設定し，自己発展を果たす可能性がありますが，現段階では「強い AI」は存在しない論理的なコンセプトにすぎません。対して「弱い AI」は，特定の任務や領域でのみ人間と同等以上の能力を発揮する AI を指します。これは，特定のタスクに関する人間の一部の能力を表面的に模倣したアルゴリズムやシステムにより，限られた領域でのみ高いパフォーマンスを示します。先に確認した 4 つのレベルの AI も基本的にはすべて「弱い AI」であるといえます。

また，弱い AI，強い AI という分類の他に，課題解決の範囲という観点から分類したものとして，特化型人工知能 (artificial narrow intelligence, ANI)，汎用型人工知能 (artificial general intelligence, AGI) があります。特化型人工知能は自動運転，音声認識システム，画像認識システム，囲碁，文章生成など，ある分野に特化した AI を意味します。一方，汎用型人工知能は，人間の知能のような汎用性をもち，あらゆる分野の課題解決に対応できる AI を意味します。ちなみに，機械学習の分野でノーフリーランチ定理という前提がありますが，これは簡単にいえば「どんな問題にも汎用的に対応できる AI モデルは機械学習では作れない」ということを意味します。例えば画像認識が得意な AI は，企業の過去の履歴から売上予測をするというタスクには不向きです。このような理由により，汎用型人工知能はまだ実現されていませんが，将来的には出現することも予想されています (6.1.1 項参照)。

なお，特化型人工知能 (ANI) を「弱い AI」，汎用型人工知能 (AGI) を「強い AI」と呼ぶケースも散見されますが，関連はあるものの，上で述べたように別の観点からの分類であると考えられます。

3.1.7　日常にある AI のタイプ

ここまで見たとおり，AI はすでに私たちの生活のさまざまな場面に登場しています。これらの分類について考えてみましょう。例えば「識別系」，「予測系」，「会話系」，「実行系」という分類があります（違った分類方法もあるでしょうし，今後，新しい分類ができる可能性もありますので，あくまでも一例です）。

識別系 AI：画像認識，音声認識，動画認識など

予測系 AI：顧客行動予想，需要予想など

会話系 AI：チャット，翻訳など

実行系 AI：マシン制御，自動運転，ドローン制御，ゲームなど[18]

これらを列挙するだけでも，前述のとおりそれぞれが特定のタスクに特化しており，限られた領域で利用されていることがわかります。

3.2　生成 AI の位置づけ

3.2.1　生成 AI－インプットの革新とアウトプットの革新－

前節で人工知能（AI）という概念を歴史的側面，学術的側面，日常的側面から考察してきました。では，生成 AI（generative artificial intelligence）はどういった位置づけとなるのでしょうか。2022 年 11 月に OpenAI が一般に公開した ChatGPT が登場してから，急速にこの「生成 AI」や「ジェネレーティブ AI」という言葉が一般化しました。あいまいさを帯びている AI という概念に，さらに新しく生成 AI という言葉が登場し，急速に使われるようになったわけですから，これはかなりの混乱を招いているに違いありません。

そこで，ここでは生成 AI に焦点を当て，今後さらにさまざまな領域に展開して普及していくことが予想される生成 AI の現状について概観し理解を深め

40   3. AI 研究の歴史と生成 AI の汎用化

ます。

　少しおさらいをしておきましょう。生成 AI の多くは機械学習のなかで登場した新しい学習方法であるディープラーニングを前提としたものです。第3次 AI ブームを象徴するこのディープラーニングは膨大な量のデータを学習させたモデルを次々に生み出していきます。

　ここまでの説明で，「入力」と「出力」という言葉が何度か登場しました。「入力」とは AI にデータを与えること，「出力」とは「入力」に対して行う AI の判断といったん理解しましょう。AI は，構造化データが入力されたら，出力として予測結果を返したり，ある画像データが入力されたら，そこに写っているものを認識したり，分類して応答（出力）したりします。学習においても入力と出力があります。例えば，例題と正解をペアにした教師データ（入力）がある場合，それをもとに新しいデータから予測（出力）ができるようなモデルを構築します。ディープラーニングもこの「入力」と「出力」の関係を多層なニューラルネットワークを駆使して学習させる方法です。いずれも力点が置かれるのは「入力」のほうで，いかにデータを認識させるのか，いかに学習させるのかといった領域の革新です。入力（インプット）の革新ということができます。

　また，「出力」が単なる認識や分類などにとどまらず，データを生成するという点が注目されています。乱数をもとに，希望する性質をもったデータを生成することのできるモデルが生成モデル（generative model）と呼ばれます[19]。こちらは，「出力」に力点が置かれており，認識や分類のレベルを超えて作成することが可能になっている生成 AI は出力（アウトプット）の革新だということができます。

3.2.2　生成モデルの誕生

　ディープラーニングが多層のニューラルネットワークをモデルとして用いる機械学習の手法の1つであることはすでに触れたとおりです。本書では各モデルの詳細を説明することは避け，識別モデルと生成モデルの区分を優先して簡単に概観しておきましょう。

識別モデル（discriminative model）は，与えられた入力から特定の出力を予測することに特化し，入力データの特徴と出力との関連性を学習することに焦点を当てています。具体的には，ロジスティック回帰，サポートベクターマシン（SVM），おもに画像データの処理に適用される CNN（convolutional neural networks），時系列データや自然言語のような順序をもつデータに対して効果的な RNN（recurrent neural networks）といったモデルがあります。

生成モデルは，データセット内のデータ分布を学習し，新しいデータを生成する能力をもつモデルです。例えば，生成器が新しいデータを生成し，識別器がそれの真偽を判断するという，生成器と識別器がたがいに競合しながら学習を進める GAN（generative adversarial networks）などがあります。

また，トランスフォーマーモデル（transformer model）は，近年 AI 分野で非常に注目されている言語モデルの 1 つであり，特に自然言語処理（natural language processing，NLP）において大きな影響を与えています。トランスフォーマーは，生成モデルと識別モデルの両方の機能をもつことができる非常に柔軟なモデルです。ちなみに，ChatGPT の GPT は generative pre-trained transformer を示しており，トランスフォーマーをベースにしたモデルです。

3.2.3　生成 AI とマルチモーダル化，RAG

OpenAI によって開発された前述の GPT モデルに代表されるような大規模言語モデル（large language models，LLM）は，自然言語処理において大量のテキストデータを用いて訓練される深層学習モデルです。これらのモデルは，テキストの理解と生成の両方において高い能力をもち，多くの応用が可能となっています。

社会にはさまざまな生成 AI（テキスト生成 AI，画像生成 AI，音楽生成 AI，音声生成 AI，動画生成 AI など）が存在しています。最近，マルチモーダル化という言葉も一般的になっていますが，ChatGPT に代表される生成 AI のマルチモーダル化は，異なるタイプのデータ（テキスト，画像，音声など）を統合して処理し，新たな生成タスクを行うことを指します。複数の入力モードから

42   3. AI 研究の歴史と生成 AI の汎用化

情報を受け取り，それを活用して新しいコンテンツを生成する能力を AI に付与するこのマルチモーダル化の流れは，生成 AI の高度化の方向性の1つであり，やがては汎用型人工知能が出現する可能性も考えられます。

また，**RAG**（retrieval-augmented generation, 検索拡張生成）という手法が注目されています。これは，ChatGPT のような生成 AI に質問や指示を与えるとき，それに関係する正確な情報や最新の情報を付け加えて入力し，回答を得るしくみのことで，生成 AI の回答の質の向上が期待できます。

3.2.4 AI 効 果

私たちは「AI 搭載商品」や「AI 対応」といった言葉についつい期待してしまいます。しかし実際に体験してみると，「思ったほどではないな・・・」とがっかりすることも少なくないでしょう。こうした過大評価ゆえに失望する心理現象を AI 効果と呼びます。今後も AI 技術は発展し，さまざまなサービスが展開されるでしょう。そこで生じる期待と失望に一喜一憂することなく，本書を手に取っていただいたみなさんには，これからも AI が人間社会に与えるであろう変化やインパクトを見つめ，AI を上手に活用していただけたらと思います。

章 末 問 題

【1】 AI について考えることはさまざまに可能です。その1つに歴史的に概観することがあります。本章でも AI の歴史における3つのブームを取り上げましたので，それぞれのブームを象徴する言葉を起点にして，各ブームの特徴をまとめてください。

【2】 本章では AI に関するさまざまな分類を考察しながら，その周辺領域の理解を深めてきました。AI 研究の中で，現状「生成 AI」がどういった位置づけになっていると考えられるのか，インプットとアウトプットをいう言葉を使って説明してください。

【3】 本章では機械学習についても学びましたので，ディープラーニングとはどういった特徴をもった学習方法なのか，ニューラルネットワークという言葉を使って説明してください。

第4章

社会での生成 AI 活用と生成 AI がもたらす諸問題

　第3章では，AI 研究の歴史やさまざまな観点からの AI の分類についての理解を深めてきました。急激な速さで一般化されつつある生成 AI ですが，誰でも簡単に使用でき，前章で見たようにさまざまな領域でさまざまな生成が可能となっています。

　急激な変化は，利点とともに急速な問題をも顕在化させています。私たちはすでに何らかの形で生成 AI が身近にある生活を送っています。こうした生活に存在するであろう問題を認識し，これからますます変化していく社会に対し，どのように向き合うべきなのかを考えていく必要があります。この章では具体的な生成 AI のさまざまなサービスや活用事例と生成 AI がもたらす諸問題について考察を深めます。

4.1　実社会における生成 AI

4.1.1　さまざまな生成 AI サービス

　生成 AI は，既存のデータを基にして新しいコンテンツを生成する技術です。今現在，さまざまな生成 AI サービスが存在しており，それぞれが異なる分野で活用されています。人工知能（AI）の領域でも特に注目されているといって過言ではない生成 AI 技術の応用範囲は，ビジネス，エンターテインメント，医療や教育等々，幅広く社会に大きな影響を与えています。

　テキスト生成 AI では，OpenAI[20] の ChatGPT のシリーズが代表的です。これらのモデルは，ユーザーの質問や指示に応じて自然な文章を生成する能力

をもち，カスタマーサポート，コンテンツ作成，言語教育など，多岐にわたる分野で活用されています。例えば ChatGPT を使えば，数秒でニュース記事の要約を生成したり，ブログ記事を書いたり，レポートやメールの文案，翻訳，プログラムの作成と実用的なレベルでの活用も可能になっています。図 4.1 に ChatGPT で生成した Python のサンプルプログラムを示します。

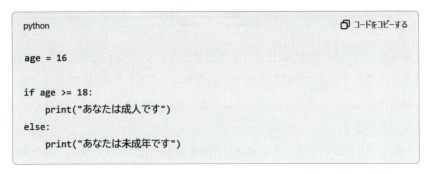

図 4.1　ChatGPT で生成したサンプルプログラム。AI への指示（プロンプト）：
#役割　あなたはプログラマーです
#お願い　条件分岐の例をわかりやすく示してください

画像生成 AI の分野では，DALL-E[21] や Stable Diffusion[22]，Midjourney[23] といったサービスが有名です。これらのサービスは，ユーザーが入力した指示に基づいて画像を生成します。例えば，「猫が宇宙服を着て踊っている絵を描いて」という指示に従い，驚くほどリアルな画像を生成することができます。図 4.2 は DALL-E で生成したイラスト画像です。この技術は，デザインや広告，アートの分野で革新的なツールとして利用されています。

図 4.2　DALL-E で生成したイラスト
（プロンプト：猫が宇宙服を着て踊っている絵を描いて）

音楽生成 AI は AI 技術を用いて自動的に音楽を作曲する生成 AI で，大量に学習した音楽データを基に音楽を生成します．テキストを入力するだけで音楽を生成する Suno AI[24] や，ユーザーがシーンやムード，ジャンルやテーマを選択するだけで BGM 用の音楽を自動生成してくれる SOUNDRAW[25] などがあります．

音声生成 AI の分野では，リアルな音声を生成する技術が進化しています．Google が提供する Text-to-Speech AI はテキストをさまざまなイントネーションの音声で生成したり，多言語で生成したりすることが可能です．他にもキャラクターを選んで音声アシスタントやナレーション，音声コンテンツを気軽に制作できるサービスも存在しています．

動画生成 AI も注目されています．Runway は動画から別の動画の生成，テキストや画像からも簡単に動画を生成することが可能です．また，動画内の人物を別のキャラクターに置き換えたり，違うテイストに変更したりといった編集もでき，マルチモーダルなサービスだということができるでしょう．図 4.3 に Runway のサイトに掲載されている動画のワンカットを示します．

図 4.3　Runway のサイト[26] に掲載されている動画のワンカット

4.1.2　プロンプト

生成 AI サービスを利用するときは，プロンプト (prompt) と呼ばれる何らかの「指示」や「質問」などを入力する必要があります．これはテキスト生成

でも画像生成でも同じです。生成 AI のプロンプトは，利用者が期待する回答を生成 AI から引き出すため，その意図が正確に伝わるように具体的で明確な「指示」や「質問」にするなどの工夫が重要です。またプロンプトはテキストで入力するだけでなく，音声で入力することもあります。

プロンプトは，ユーザーが AI に対してどんな答えを出してほしいかを伝えるためのサインのようなもので，AI 側からすれば，ユーザーの意図に則して何をするべきかを理解するためのガイドラインのようなものです。プロンプトが具体的で明確であればあるほど，AI はあなたの期待に応える答えを返してくれるでしょう。

プロンプトには，大きく分けてゼロショットプロンプトとフューショットプロンプトの 2 種類があります。ゼロショットプロンプト（zero-shot prompt）は，AI に例題やヒントを与えずに，いきなり質問や指示を出すプロンプトです。例えば，「日本の首都はどこですか？」という質問がゼロショットプロンプトです。フューショットプロンプト（few-shot prompt）は，AI に例題やヒントを与えてから質問や指示を出すプロンプトです。例えば，「日本の首都は東京です。では，フランスの首都はどこですか？」という質問がフューショットプロンプトです。最初の「日本の首都は東京です。」という部分がヒントになります。

上記はほんの一例です。プロンプトは生成 AI が一般化され始めてすぐに注目されるようになりました。今ではさまざまなプロンプトの型が考案され，シンプルなものから複雑な構造をもったものまでさまざまなパターンがあり，生成 AI 活用のための学習コンテンツとしても普及するに至っています。プロンプトエンジニアなる職業も誕生しており，今後の変化が著しいでしょう。

4.1.3　AI のさまざまな活用事例

生成 AI 技術は人々の生活を大きく変えつつあります。例えば，デザイナーや作家は，生成 AI を活用して新しいアイデアを生み出しやすくなっています。また，医療・介護の現場でも相談受付やウェアラブルデバイスやドローンなどの IoT デバイスと連動した状態観察などの活用ケースも生まれています。

画像認識，画像分類，物体検出といった画像処理は多くの業種で活用されています．例えば，ドローン撮影をしながらの観察業務，生産現場での不良品検出，大量の航空写真の分類などさまざまです．また，これは違う観点の話ですが，データアノテーションスタッフの募集という求人も増えてきました．膨大な学習データの準備，作成には人の手も必要です．例えば画像認識のモデル構築のためのアノテーションとは，一枚の画像の中に写っている複数のものの中から特定のものを切り出して，物体と物体の境界を示し，区別とラベル付けをするという画像データの処理行為です．こうして膨大な学習データを作成していくわけですが，AI活用が進んでいるからこその社会の変化と言えるでしょう．

また，複雑な画像の認識が，マルチモーダル化した生成AIを使うことで私たちにも大変身近なものになっています．データ表現の1つとしてヒートマップというものがあります（図4.4）．これをChatGPTに読み込ませて説明するように指示しました．簡単な指示ではありますが，画像に対してかなり的確な説明文を生成しています（図4.5）．現状一般的になっている汎用的な生成AIに搭載されている画像認識モデルが，複雑な画像認識をしているということの

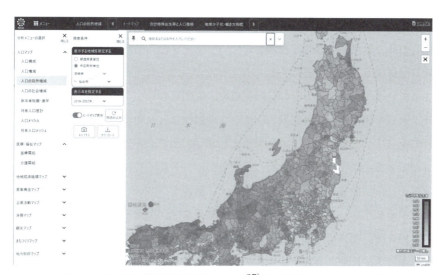

図4.4　RESAS（地域経済分析システム）[27]）より取得したヒートマップ

48   4. 社会での生成 AI 活用と生成 AI がもたらす諸問題

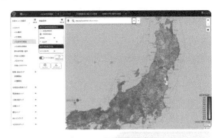

これを説明してください。

この画像は日本のヒートマップのようで、人口動向に関連する人口統計データを示しています。ヒートマップは、日本で地域計画や分析に使用されている「RESAS」（地域経済社会分析システム）と呼ばれるデータ分析プラットフォームから取得されています。画像に表示されている要素の内訳は次のとおりです。1. **マップの概要**: このマップは、日本のさまざまな地域、おそらく市町村レベルでの人口の自然変化を示しています。さまざまな色の濃淡は、人口変化率や人口統計指標の違いを表しています。2. **列

図 4.5　ChatGPT によるヒートマップ画像の説明

証であるといえるでしょう。

　教育現場では，リスクなどを含め生成 AI の特徴を理解したうえで，学習に活用され始めています。文章作成，翻訳等の素案作成，ブレインストーミングなどの相手役（いわゆる壁打ち），児童生徒や学生ひとりひとりの学習スタイルに合わせた効果的な教育が模索されています。また，動画コンテンツの活用は教育分野でも以前から進められてきましたが，さらに生成 AI との連動もはじまっています。コンテンツの自動生成や，説明用のスライドに生成されたキャラクターを組み込んでの動画コンテンツの制作など，効率的な制作もできるようになっています。また，ユーザーと生成 AI とでインタラクティブなやり取りができる英語学習ツールなど，学習者のニーズに応じた個別化された教育が実現し，学習効果の向上が期待されます。動画やアニメーション，画像を自動生成する技術は，エンターテインメント業界やマーケティング分野でも活用されています。例えば，ある製品のプロモーション動画や画像を自動で生成することができ，時間とコストを大幅に削減することが可能になっています。

　また，マーケティング領域においても市場分析やユーザーインサイトの考察，

顧客に商品やサービスのレコメンデーション（推薦，おすすめ）を行うなど，さまざまな AI の活用が始まっています。身近なところでは，顧客との接点でのチャットボットの活用や商品購入後のアフターケアなどのサービス面や，製造領域での在庫管理，物流領域での倉庫内の作業効率化，販売における予算管理や販売予測，技術開発や素材開発といった研究開発領域など，さまざまなシーンで AI の導入が見られます。

　生成 AI の特徴を生かした応用的な事例としては，構築したデータベースをもとにして，顧客のフレキシブルな質問に自然な回答をするヘルプデスクのようなチャットボットの活用方法も現れており，シナリオ通りの質問に回答することしかできなかった Q&A 形式の対応にも変化が生まれてきています。また，ソフトウェア開発分野においても専門家の開発支援やプログラミング支援に生成 AI が使われるようになっています。

4.2　生成 AI がもたらす諸問題

　生成 AI の進化に伴い，さまざまな問題も浮上しています。ここでは，特に重要な問題について詳述していきます。

4.2.1　ディープフェイク

　ディープフェイクは，生成 AI を用いて図 4.6 に示すようなやり方で作成された，現実と見分けがつかないほどの偽造映像や音声などを意味します。ディープフェイク技術は，個人の顔や声を他の映像や音声に合成することができ，誤情報の拡散やプライバシーの侵害といった深刻な問題を引き起こしています。例えば，有名人のフェイク画像を作成してスキャンダルを引き起こすこともできてしまいます。

　ディープフェイク技術の悪用を防ぐためには，技術的な対策だけではなく，法律による規制が必要との声が高まっています。技術的には，ディープフェイクを検出するアルゴリズムの開発が進められており，これにより偽造されたコン

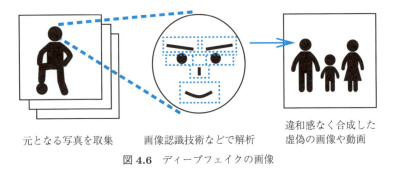

元となる写真を取集　　画像認識技術などで解析　　違和感なく合成した
　　　　　　　　　　　　　　　　　　　　　　　　　　虚偽の画像や動画

図 4.6　ディープフェイクの画像

テンツを見分けることが期待できます．また，法律的には，ディープフェイクの作成や拡散に対する罰則が必要であるとの意見も多くなっています．

ディープフェイク技術の悪用は，政治や経済にも重大な影響を及ぼす可能性があります．例えば，選挙期間中にディープフェイク画像を使って候補者のイメージを操作することも可能です．また，企業の株価に影響を与えるような偽の発表を行うことで，市場を混乱させることも考えられます．

ディープフェイク技術の防止には，企業，政府だけでなく，私たち個々人のリテラシーも重要になります．個人レベルでは，まず情報の信頼性を確認する意識をもつことが大切ですし，ディープフェイクされた，あるいはディープフェイクのおそれがある映像や音声などを拡散するようなことは絶対に慎まねばなりません．また，企業は自社のブランドや情報の保護に努めるとともに，ディープフェイク技術に対する監視体制を強化する必要があります．政府は，ディープフェイク技術の悪用に対する法的な枠組みを整備し，国際的協力体制の枠組みの構築を推進しています．

4.2.2　セキュリティとプライバシー

生成 AI は大量のデータを使用して学習するため，データのセキュリティとプライバシーは重要な論点です．

インターネットの普及に伴って，ネットワーク上でのデジタル化された情報の取扱いとサイバーセキュリティはそもそも重大な問題でしたが，昨今 AI の

広がりによってさらに際立った問題になっています。データの悪用や目的外利用，AI 運用による金融市場の異常な値動きの誘発など，データ・AI 活用における負の事例はかねてから存在しましたが，生成 AI の普及はそれらをさらに助長する可能性が十分にあります。

特に，個人情報を含むデータが不正に使用されるリスクがあります。例えば，医療データを用いた生成 AI では，患者のプライバシーが侵害される可能性があります。医療データは非常にセンシティブな情報を含むため，これが不適切に使用されると深刻な影響を及ぼすことがあります。

データの取扱いに関して，個人情報保護は大きなテーマの 1 つですが，生成 AI が一般化してきた今日においては，より鮮明な問題であると言えます。情報セキュリティマネジメントシステムの国際標準である ISO/IEC 27000 では，情報セキュリティの 3 要素である情報の，機密性（confidentiality），完全性（integrity），可用性（availability）を保ち続けていくことを定めています。これらは頭文字をとって **CIA** と呼ばれています。

機密性：許可されている者のみがデータにアクセスできること

完全性：データが改ざんされることなく、正確なものに保たれていること

可用性：許可されている者が、必要なときに確実にデータを利用できること

膨大なデータや情報を前提とした生成 AI の利活用が予想されるこれからの世の中で，これら 3 要素はますます重要な観点だと言えるでしょう。企業や研究機関は，データの取扱いに関するポリシーを明確にし，ユーザーの同意を得ることが求められます（5.2 節参照）。これには，データの収集，使用，共有に関する詳細な説明が含まれます。また，データの使用目的を限定し，必要最小限のデータのみを収集することも重要な観点でしょう。

セキュリティの観点からは，生成 AI のアルゴリズム自体も安全である必要があります。特に生成 AI サービスが，ハッキングや悪意のある攻撃に対して脆弱でないようにするための対策が必要です。

52　　4. 社会での生成 AI 活用と生成 AI がもたらす諸問題

4.2.3　ハルシネーション

　生成 AI の一般化において，たいへん重要な問題点の 1 つはハルシネーション（hallucination）です。これは，生成 AI が現実には存在しない，あるいは誤った情報や事実を生成してしまう現象です。例えば，テキスト生成 AI が実在しない出来事を報告したり，画像生成 AI が現実には存在しない物体やシーンを生成したりすることがあります。

　ハルシネーションは，生成 AI が学習データに基づいて生成を行う際に，データの不足や偏り，あるいはモデルの設計上の問題が原因で発生します。これにより，AI が正確な情報や事実に基づかない何らかのアウトプットを生成することとなり，その結果，誤情報の拡散やユーザーの誤解を招く可能性があります。

　この問題に対処するためには，生成 AI の学習データの質を向上させることが重要だと考えられます。具体的には，広範かつ多様なデータを準備し，AI が現実の知識や事実に基づいた生成を行えるようにしなければなりません。また，生成 AI の出力を検証し，誤りを検出・修正するメカニズムを導入することも重要です。

　さらに，生成 AI サービスの開発者や利用者は，AI が生成するコンテンツに対して常に批判的な視点をもち，現実の事実と照らし合わせる姿勢を維持することが求められます。これにより，ハルシネーションによる誤情報の影響を最小限に抑えることができます。

4.2.4　権 利 と 法 律

　生成 AI の利用が進むにつれて，知的財産を含む法的な問題も増加しています。ここでは，特に重要な問題について考察します。

　まずは知的財産権です。生成 AI によって作成されたコンテンツの著作権は誰に帰属するのか，という問題が浮上しています。例えば，生成 AI を使用して作成された絵画や音楽の著作権は，AI の開発者に帰属するのか，それとも AI を使用したユーザーに帰属するのか（もっと言えば，AI に帰属するのか，という問いすらも考えられます），これは難しい論点です。

この問題を解決するためには，新しい法的枠組みを構築する必要があります。具体的には，生成 AI によるコンテンツの著作権を明確に規定し，適切な権利保護を図ることが求められると考えられます。例えば，生成 AI が作成した作品に対しては，著作権をもつ者を明示し，その権利を適切に保護するための法的手続きを整備することが重要となります。

また，生成 AI が既存の著作物を学習して新しいコンテンツを生成する場合，その学習データの使用に関する権利問題も現在，各国で争点となっています。例えば，著作権で保護されたテキストや画像を無断で学習データとして使用することは，著作権侵害に該当するでしょうか？ 現在，日本を含めた世界の潮流は，AI 開発・学習段階で既存の著作物を学習データとして使用することに対して著作権の権利制限規定を設ける（つまり著作権者の利益を不当に侵害する場合を除いて保護しない）国が多く，この点が問題提起されています。

4.2.5 学習データと日本の文化庁の対応

これまで述べたとおり，生成 AI の学習に使用されるデータについても，法的な問題が存在します。著作権で保護されたデータを無断で使用することは，著作権侵害に当たる可能性があります。例えば，既存の小説を学習データとして使用し，そのスタイルを模倣した文章を生成することは，著作権侵害に該当するかもしれません。この問題を解決するためには，学習データの使用に関するガイドラインを整備や各方面でのガバナンス検討，適切なライセンス契約を締結など多角的な検討が必要です。

日本は著作物を学習し放題の機械学習パラダイスだと評されてきました。ポジティブな意味でもあり，ネガティブな意味でもあります。上記のとおり，著作権者の許可を得ずにデータを使用することはセンシティブな事柄だと考えられますし，今後さまざまな観点から検討されるべきでしょう。さらに，データの出所を明記や，著作権者への適切な報酬を支払う仕組みを検討することも重要な事案です。

54   4. 社会での生成 AI 活用と生成 AI がもたらす諸問題

日本の文化庁は，生成 AI 技術の進展に伴う著作権の問題に対して必要な対応を行っています。生成 AI が既存の著作物を学習データとして使用することについて検討を重ねており，クリエーター，著作権，学習データの関係をどう規定するのか，慎重に議論が進められています。

生成 AI の開発と利用については「①AI 開発・学習段階」，「②生成・利用段階」，「③AI 生成物の著作物性」の 3 つの観点に整理して，いずれも著作物の捉え方がカギとなっています。「①AI 開発・学習段階」の観点では，著作物を学習データとして取り扱い，収集・複製する場合，どのようなときに著作権者の許諾が必要または不要になるのかを検討しています。「②生成・利用段階」の観点では，AI の生成物が，どのような場合に既存の著作物の権利を侵害するのかを検討しています。「③AI 生成物の著作物性」の観点では，AI の生成物が著作物であると判断されるのはどういった場合なのかを検討しています。こうした検討事案は，今や著作者と私たち利用者だけではなく，AI サービスの開発者や提供者との関係にも影響するたいへん大きな論点でもあり，AI サービスを利用する時の責任の所在の議論（AI サービス責任論）にもつながっています。

4.2.6 CPU と GPU，そして電力

生成 AI の動作には，大量の計算能力が必要です。このため，CPU や GPU（graphics processing unit）の使用が増加し，電力消費の問題が浮上しています。

生成 AI の学習や実行には，高性能な CPU や GPU が必要です。CPU はコンピュータ全体の制御や演算処理を行う一方で，GPU は並列処理を得意とし，画像処理や深層学習などの膨大な量の計算を高速に実行します。生成 AI においては，GPU の性能がとりわけ重要となってきます。ディープラーニング向けの GPU の開発で世界をリードしているのが NVIDIA です。また，Googleの TPU（tensor processing unit）も効率的な計算を実現していると言われています。

これらのデバイスは大量の電力を消費するため，環境への負荷が大きくなります。例えば，大規模な生成 AI モデルのトレーニングには，数週間から数ヶ月

にわたって膨大な電力を消費することがあるそうです。この膨大な電力消費は膨大な発電を意味するわけですから，生成 AI の普及は環境との関係においても無視できない問題を提起します。この問題に対処するためには，エネルギー効率の高いハードウェアの開発や，再生可能エネルギーの利用が重要になってくるかもしれません。また，生成 AI のトレーニングを最適化し，必要な計算資源を削減する技術も求められます。

さらに，生成 AI のトレーニングや実行を分散型のクラウドコンピューティング環境で行うことで，電力消費の分散と効率化を図ることも可能です。これにより，電力消費を抑えながら高性能な生成 AI モデルを運用することができます。

4.2.7 生成 AI にまつわる倫理的問題

本章では，実社会における生成 AI と，その生成 AI がもたらす諸問題に関して考察を深めてきました。また，データの取扱いにおける倫理的問題はかねてから存在しています。その点は第 5 章で詳しく記します。

生成 AI の利用が進むにつれて，新しい倫理的な問題が現れてきています。生成 AI を用いて作成されたコンテンツが社会的に有害である場合や，AI の決定が偏見や差別を助長することもありえます。生成 AI は，その強力な能力により，今まさに社会に対して大きな影響を与え始めています。例えば，生成 AI を用いて作成されたフェイクニュースや誤情報は，社会的な信頼を損ない，混乱を引き起こす可能性があります。また，生成 AI が偏見や差別を含むデータを学習することで，偏見や差別を助長するコンテンツを生成するリスクもあります。

瞬時にさまざまなアウトプットが生成されることは，便利で有益であることに議論の余地はありません。一方で，生成 AI が生成するアウトプットは過去の膨大なデータを学習することによってなされるにもかかわらず，不便にも，ユーザーである私たちはそのプロセスを理解することは実質的に不可能です。つまり，知らず知らずのうちに，誰かのプライバシーやクリエーターの著作権を侵害している可能性があることに十分に注意を払わなければなりません。好むと

56   4. 社会での生成 AI 活用と生成 AI がもたらす諸問題

好まざるとにかかわらず，私たちはこうした問題に向き合っていかなければならないのです。

個々人や会社において，生成 AI を導入する流れは今後止まることはないと予想されます。したがって，導入の段階から，私たちは倫理的な視点を取り入れて吟味することも必要です。具体的には，生成 AI が学習するデータの選定や，生成されたコンテンツへの批判的な態度，倫理的な素養が求められます。生成 AI の利用が社会に及ぼす影響を適切に評価し，リスクを最小限に抑えるための対策を講じていかなければならないでしょう。

生成 AI の利用が進むにつれて，倫理的な問題は多様化します。例えば，AI による自動化が進むことで，雇用に影響を与える可能性があります。特定の職業が AI によって代替されることで，失業や労働市場の変動が生じる可能性もあります（第 7 章参照）。

また，生成 AI の利用によって生じる社会的な不平等の問題も無視できません。例えば，生成 AI 技術へのアクセスが限られている地域やコミュニティでは，技術の恩恵を受ける機会が少ない可能性があります。これにより，デジタルデバイド（情報格差）が拡大し，社会的不平等が深刻化するリスクもあります。

生成 AI の利用が倫理的に正当であるかどうかを評価するためには，多様な視点を取り入れることも重要です。例えば，異なる文化や国，異なる価値観をもつ人々の意見を反映させることで，生成 AI の利用が社会全体にとっての公平さの確保に向かうことができます。

これまで見てきたように，生成 AI の一般化には多くの利点がある一方で，さまざまな問題も生じさせています。これらの問題に向き合いながら，生成 AI の技術をうまく活用するための取組みこそが必要です。生成 AI の利点を最大限に活用しつつ，技術の進化が社会に与える影響を慎重に評価し，適切な対策を講じることが重要なのではないでしょうか。生成 AI がもつ可能性を引き出すためには，技術的な進化とともに，社会的，倫理的観点からの成熟こそが不可欠です。

生成 AI がもたらす未来は，私たちの取組み次第で大きく変わります。技術

の進化を追求する一方で，人間中心のアプローチを維持し，生成 AI が社会に
とって有益で持続可能な形で発展するよう努めることが求められます。私たち
一人ひとりが生成 AI の利用に対して責任を自覚し，倫理的な視点からの取り
組みを進めることで，生成 AI の未来をより良いものにすることができるので
はないでしょうか。

章 末 問 題

【1】 本章ではさまざまな生成 AI サービスに触れてきましたが，その中からどれか
1 つを選択し，そのサービスの特徴と社会での具体的な活用方法をイメージし，
説明してください。

【2】 本章では生成 AI のさまざまな問題を考察してきました。その中からどれか 1
つを選択し，現状起こっている問題，あるいはこれから起こりうる問題を説明
し，その解決策を紹介してください。

【3】 生成 AI の一般化によって，プロンプトという言葉も一般化しました。プロン
プトという言葉は，生成 AI が一般化する以前は，画面上でコンピュータに入
力を促す記号のことを意味していましたが，生成 AI の利活用シーンおいては
新しい意味をもつようになっています。「ゼロショットプロンプト」，「フュー
ショットプロンプト」という言葉を使って，生成 AI におけるプロンプトにつ
いて説明してください。

第5章

AI やデータ社会の進展に伴う課題 I

　この章では，まず，AI 社会において活用が期待されるロボットや自動運転などにかかわる課題や倫理的な問題について解説します。次にビッグデータ社会では，個人の主体性と，データを収集して利用する企業の責任バランスが変容してしまう課題について理解を深めます。最後に，未来学者トフラーの予言にあるとおり，データがどんどん増大していくに従って，重要な情報がサーバースペースの片隅に追いやられ，利用されなくなるか，破棄されてしまう心配があることを紹介します。

5.1　AI 社会にかかわる倫理的問題

5.1.1　ロボット工学三原則

　これからの社会では，人工知能（AI）を搭載し，それにより制御されたロボットは重要な役割を果たすことになります。

　英語で「robot」という言葉の起源は，もともと，1920 年にチェコスロバキアの作家チャペック（K. Capek）が書いた戯曲の中で，チェコ語で強制労働者を意味する「robotnik」から名付けられたといわれています。その戯曲の内容は，実は産業革命後の当時における機械文明の発展を批判したもので，未来予言的でもありました。そこに登場するロボットは金属性ではなく，人間そっくりに工場で化学物質から大量生産された人造人間で，肉体労働や特定の頭脳労働は人間の倍以上のパフォーマンスを発揮しました（図 5.1）。その結果，人間は何もしなくなり，子どもさえも産まなくなりました。そして，ある時，ロボッ

5.1 AI 社会にかかわる倫理的問題

図 5.1 ロボットの語源となったチャペックの戯曲の一コマ[33]

トの反乱が起こり，人間を滅ぼしてしまいます。

このような戯曲（後には映画化）によって，人間が製造したものがやがて人間を滅ぼすという怖い話がディストピア（ユートピアの反対の暗黒世界）として刷り込まれそうになります。図 5.2 に写真を載せた SF 作家の第一人者アシモフ（I. Asimov）は 1950 年に，『I, Robot（われはロボット）』[35]という作品の中で，人間との共存をめざす「ロボット工学三原則」を提言しました。その三原則は，作品の中での想定上，2058 年の「ロボット工学ハンドブック」に掲載されることになっています（表 5.1）。

条文を読むと，人間とロボットの主従関係を表す規定になっていますが，よ

図 5.2 SF 作家アシモフ[34]

表 5.1 アシモフのロボット工学三原則

第 1 条	ロボットは人間に危害を加えてはならない。また，その危険を看過することによって，人間に危害を及ぼしてはならない。
第 2 条	ロボットは人間に与えられた命令に服従しなければならない。ただし，与えられた命令が，第 1 条に反する場合は，この限りでない。
第 3 条	ロボットは，前掲第 1 条および第 2 条に反するおそれのないかぎり，自己を守らなければならない。

り広い意味では，人間と多くの工業製品の関係にもかなり良くあてはまります。つまり，人間に対して安全であること，人間の意図のとおりに動作すること，故障を防ぐような自動装置が付いていることといった具合です。

　アシモフのロボット工学三原則は，かなり良くできていると思われますが，現実場面でさまざまなファクターを同時に多数含むケースなどには，原則の間に矛盾が生じ，身動きが取れなくなることがあります。例えば，特定の人が危害にあわないように命令を受け行動することによって，別の場所にいる複数の人に危害が及んでしまうことがあります。次項でとりあげる「トロッコ問題」で詳しく解説します。

　近年，ロボットが兵器として開発されていますが，それはロボット工学三原則の第一条に反することになります。このような動向に対して，2007年には千葉大学で，「知能ロボット技術の教育と研究開発に関する千葉大学憲章」を定めています[36]。その第2条には，「千葉大学におけるロボット教育・研究開発者は，平和目的の民生用ロボットに関する教育・研究開発のみを行う。」と定められ，軍事利用を禁じています。同じ2007年には，韓国産業資源部（日本の経済産業省に該当）の研究者がIEEE国際ロボット・オートメーション会議において，来るべき人間とロボットの共存社会を想定して，ロボット製造者や使用者が守るべき規則も含んだロボット倫理憲章の草案を発表しています。

　少し余談になりますが，手塚治虫の漫画『鉄腕アトム』でも，ロボット法が定められていました。その法律はどちらかといえば悪法として描かれ，人間に従うロボットの義務を厳しく定めたものだったので，やはりロボットの反乱が起きてしまいました。アトムには平和への希望が託されていたので，反乱を止める働きをします。上記のロボット倫理憲章のような共存共栄を目標とする内容でしたら，アニメに出てくるロボットたちも満足したのでしょうか。この漫画シリーズの後半では「ロボット人権宣言」が出てきます[37]。その第1条は「ロボットは人間を幸せにするために生まれてきたものである」で，第2条は「その目的にかなう限りすべてのロボットは自由であり自由で平等の生活を送る権利をもつ」となっています。実際，2017年には，香港で作製されたヒューマノ

イドロボットの「ソフィア」に，世界で初めて，サウジアラビアから市民権が与えられました。2045年にはAIが人間の能力を超えるとされる技術的特異点（シンギュラリティ）が訪れると予想されています。もし，強いAIの出現により，鉄腕アトムのような汎用型で自律型のロボットが生まれるのなら，人間とロボットの共存にかかわる倫理や法制度の整備は急がなければなりません。

5.1.2 トロッコ問題：倫理的コンフリクト

1967年にイギリスの哲学者フット（P. R. Foot）が提唱した，二者択一の判断なのに倫理的には解決困難で深刻な問題となってしまう話題を紹介します。図5.3に示すように，ブレーキが利かず暴走するトロッコをあなたは方向変換器を切り替えて，右か左の線路に誘導しなくてはなりません。左を選択すると，1人が犠牲になり，右を選択すると5人が犠牲になります。さて，あなたはどうするでしょうか？このような倫理的コンフリクトはトロッコ問題と呼ばれます。

図 5.3　トロッコ問題

合理主義的・功利主義的に考えれば，5人を犠牲にするより1人を犠牲にしたほうがまだましといえますが，そのために1人の命を奪うことはあなたの良心や道徳観が許してくれるでしょうか？5人を救う行為のほうが正しいとする選択率には文化差があり，欧米人に比べて，アジア人は低い値を示すようです[38]。アジア人のほうが1人を犠牲にすることに，より大きな抵抗を感じるのかもしれません。ロボットがこの問題に直面したとすると，どちらの選択をしてもロボット工学三原則の第1条に反するので，ロボットは決断できなくなります。

この問題の回答は二者択一になっています。このように，ある状況や出来事について与えられた前提構造をフレーム（枠組み）と呼びます。トロッコ問題に対して，石やヘルメットなどをトロッコの前の線路に投げて脱線させられないものかなどの考えを思いつく人もいることでしょう。このように前提構造自体を変更することをフレームの再定義と呼びます。これは人間が得意とするところです。

トロッコ問題は AI 社会で進む自動運転でも深刻な問題となります。例えば，図 5.4 に示すように，ブレーキの利かなくなった自動運転の車は，右と左のどちらにハンドルを切るかという問題があげられます。小さな子どももいるようで，実際問題としては，人数ではなく，一人ひとりの命に重み付けをしなくてはならない事態も出てくるかもしれません。また，ここでもフレームを再定義して，中央分離帯や立ち木などの暴走する車を止めることができるものを検知して衝突し，エアバックで乗員も守るなどの機転に富んだ選択が，車に搭載してある AI にも可能となればよいのですが。

図 5.4　自動運転でのトロッコ問題

5.1.3　自動運転の責任問題

自動運転の話を出しましたので，自動運転により事故が起こった場合，いったい誰が責任を問われるのかという問題について考えてみましょう。

自動運転といっても表 5.2 に示すように，自動性の程度に応じて，5 つのレベルがあります。レベル 0 はすべてを人間の運転者が操作する場合で，自動運転の要素は入りません。レベル 1 になると，ハンドル・アクセル・ブレーキのい

5.1 AI 社会にかかわる倫理的問題　　*63*

表 5.2　自動運転のレベルと責任主体[39)]を一部改変

レベル	名　称	自動運転レベルの定義の概要	安全運転に係る監視，対応主体
運転者が一部，またはすべての動的運転タスクを実行			
0	運転自動化なし	運転者がすべての運転タスクを実施	運転者
1	運転支援	システムが縦方向または横方向のいずれか一方の車両制御のサブタスクを限定領域において実行	運転者
2	部分運転自動化	システムが縦方向および横方向の両方の車両運動制御のサブタスクを限定領域において実行	運転者
自動運転システムが（作動時は）すべての動的運転タスクを実行			
3	条件付運転自動化	システムがすべての運転タスクを限定領域において実行　作動継続が困難な場合は，運転者がシステムの介入要求等に適切に対応	システム（作動継続が困難な場合は運転者）
4	高度運転自動化	システムがすべての運転タスクと，作動継続が困難な場合への応答を限定領域において実行	システム
5	完全運転自動化	システムがすべての運転タスクおよび作動継続が困難な場合の応答を無制限に，すなわち限定領域以外でも実行	システム

ずれかを車に搭載されたシステムが行う場合で，自動ブレーキや，前の車について走り，車線からはみ出さない追従型クルーズコントロールといった運転支援システムです。レベル 2 になるとハンドル・アクセル・ブレーキの複数の操作をシステムが行い，遅い車がいたら自動的に追い越したり，高速道路に自動で合流したりして，部分的に自動運転化がなされています。このレベルまでの安全運転の責任主体は運転者にあるので，従来の道路交通法の範囲で，すでにかなりの車に搭載されているシステムです。レベル 3 になると，ほとんどの場合，システムが運転操作を行い，運転者はハンドルから手を離し，座っているだけでもよくなります。ただし，システムが操縦困難と判断したときには，運転者に操作が委ねられます。日本では，2020 年 4 月からレベル 3 の自動運転での公道走行が道路交通法で認められるようになりましたが，安全責任主体は

運転者とシステムの両方にあるとされています。レベル4とレベル5は，さらに，人間の運転者を必要としない自動運転で開発途上にありますが，限定した場所での走行はレベル4，一般公道での走行はレベル5とされています。これらのレベルでは，運転者がいないわけですから，車に搭載されたシステムが安全責任主体となります。

　これらのいろいろなレベルの自動運転の責任主体をより厳密に考えてみると，運転者，自動車の所有者（会社・組織も含む），自動車メーカー，自動運転制御プログラム開発者，自動運転車へのデータ提供者，国・地方公共団体などがあげられます。レベル1や2で事故を起こした場合には，運転者や所有者が民事的・刑事的責任を負いますが，レベル3以上になると，メーカーが製造物責任を負ったり，プログラム開発者もメーカーとの契約内容によっては製造物責任を取らなければならなくなったりするでしょう。自動運転に必要な地図などのデータに誤りがあった場合などには，データ提供者にも損害賠償責任が生じることが想定されます。また，自動運転にかぎりませんが，橋の崩落や道路のくぼみなどインフラに欠陥があった場合には，国・地方公共団体が賠償責任を負うことになります。さらに，自動運転における免許制度はどうするのか，自動運転システムプログラムの更新やハッキング防止は誰が責任をもって行うのか，事故被害者に対する保険制度をどうするのか，そして自動運転システムに刑事的責任は問えるのか，などといったさまざまな問題があり，国際的な動向を参考にしつつも，人間中心社会の原則を踏まえた種々の対策や法制度整備の検討を推進することが望まれています[40]。

　レベル4やレベル5の完全自動運転では，もはや人間は必要でないのかというと，決してそうではありません。自動操縦化がかなり進んだ航空機でさえ，管制官が監視し，パイロットが搭乗し，整備士が点検を行い，事故が起これば調査官が派遣されます。自動運転についても，AI社会を安心して便利に暮らせるよりよい未来にするためには，人間がつねにAIシステムの管理監督や問題解決，改善に関わる体制がとても重要です。このような仕組みは「Human in the loop」（人間参加型）と呼ばれます。

5.2 ビッグデータ社会にかかわる倫理的問題

　IoT をはじめとする ICT 社会の急速な拡大によって，私たちの個人情報は知らない間に収集され，利用されるようになりました。オランダの倫理学者ツヴィッター（A. Zwitter）は以下のような問題を投げかけています[41]。

　伝統的な倫理観ではあたりまえのことですが，行為主体性や道徳的責任は個々人にありました。個人は自分の行為や，知識，選択の結果や誤りについて責任を負う主体とされてきました。ところが，ビッグデータの時代になると，データ企業に集められた圧倒的に大量なデータをもとに，システムから提案された限定的な選択肢の中でのみ行為選択をする場合がほとんどになってきました。その結果，個々人は行為主体という道徳的責任からは遠ざかり，反対にビッグデータを操る側の道徳的責任が増大しました。かくして，ビッグデータ社会では，他者への影響力は，これまでのような個人的で独立的なものではなくなり，よりネットワーク的で相互依存的なものに転換されてしまいます。ツヴィッターは，そのような転換によって私たちが非意図的に選択してしまうことが多くなり，結果として私たちの自由意志の範囲も狭められると警告しています。例えば，ある商品を欲しい場合，ネット販売の大手会社のサイトにアクセスし，評価の程度を表す星マーク数が多い商品を少々高くとも購入することは多いでしょう。そのような時には，商品をよく吟味して選ぶ自分の意志はほとんど働いていません。一方，大手会社側は強力な影響力をもつことになり，星マーク数のもとになるデータを，偏ったサンプルからではなく，公正でバイアスのないものを収集して分析し表示する責任があります。

　このようなパワーバランスの不均衡を防ぎ，データを倫理的に利用するために大切なのがデータガバナンス（データの管理や統制）で，いろいろな組織や企業によってさまざまな原則の提案がなされています。

　まず基本となるのは，情報セキュリティの 3 要素，機密性，完全性，可用性です（4.2.2 項参照）。これらはシステム障害によって失われることがあること

にも注意が必要です。

　ビッグデータのように大規模な情報資源のガバナンスには，さらにさまざまな原則が必要となります。以下に紹介するのは，アメリカのイリノイ州クック郡でチーフデータ管理者であったジパロ（D. Gypalo）があげた6つの原則[42]です。

　所有権：データの所有者を明らかにしてデータの利用方法を明確にする。

　同　意：データの集め方と利用法を明らかにする。誰もが自身に関する望まないデータの提供を拒否できるようにする。

　プライバシー：公にできない情報や保護された情報は，公開されないようにする。

　開放性：データの公開はプライバシー保護と同意を前提にする。データは簡単に読み取れ検索機能も付いた使いやすいオープンデータとする。

　透明性：データ作成，管理と意思決定のプロセスおよびデータと一緒に使われるプログラムコードやアルゴリズムを見える化する。

　わかりやすさ：データを開示するときには業界用語などを使わないようにし，利用者と協力してたがいが納得できる形で進めていく。

　これらは政府や公共団体を念頭において提案されたものですが，法令順守（コンプライアンス）や社会貢献活動（corporate social responsibility, **CSR**）を問われる今日では，民間企業にも原則順守が求められています。例えば，ヨーロッパ，特にEU圏内では，個人情報保護やデータ処理と転用に関する一般データ保護規則（general data protection regulation, **GDPR**）が定められ，EU圏内の個人データを扱う場合には日本の企業も規則を守らなければなりません。

　みなさんにとって身近な例をあげると，ユーザーがアプリやCookie（閲覧履歴追跡機能）のインストールをしようとするときには，それらによって収集される情報の内容や利用のされ方や，所有者情報の説明がわかりやすくなされ，ユーザーが同意したうえで，インストールがなされるべきです。そして，ユーザーがいつでも収集を停止する手段（オプトアウト）も設けられていなくてはなりません。しかし，現状では，そのような説明がまったく不十分であったり，小さな字で表示されたり，わかりにくい文章になっている場合がほとんどで，

改善が必要とされています。就職活動をする多くの学生が登録するある就職情報サイトで，学生の内定辞退の可能性を数値化したデータを，本人の同意を得ずに企業に販売して，大きな問題となった事例もあるので，注意が必要です。

ChatGPT などをはじめとする生成 AI（generative AI）については，上述した倫理的原則を含むさまざまな問題が指摘され，開発規準や利用規準を急いで策定する必要性が叫ばれています。生成 AI はインターネット上の膨大な量のテキストやプログラムコード，画像や楽曲データなどを学習することによって，生成規則を獲得し，新たなコンテンツを作り出すわけですが，結局，人間が過去に創造したコンテンツに基づいて新しいコンテンツを生成していることになります。ですので，学習データに誤りや偏りなどのバイアスがあれば，それらが再生産されてしまう可能性があります。また，生成 AI ではデータ化がなされていないコンテンツは無視されてしまいます。ChatGPT などでは，ユーザーが簡単な指示（プロンプト）を入力するだけで，要求にかなうような，かなりまとまった文章を作ってくれて便利なのですが，そのコンテンツがどのように生成されたかについては不透明なので，正確で公正な内容ではなかったり，知らぬまに著作権や個人情報保護を損なうことがあることに十分気を付けなければなりません。新たに開発された技術が社会で実用される際に生じる技術以外の倫理的・法的・社会的な課題はまとめて ELSI（ethical, legal and social issues）と呼ばれますが，現在，世界各国やさまざまな組織で生成 AI の開発や利用に関する ELSI が議論され，規準作りなどが急速に進められています。

5.3　急増するデータを保存し続けることができない問題

　みなさんは，クラウドを使ってデータを保存する際に，どんなイメージをおもちでしょうか？「クラウド」だからといって雲の上にデータを預けるのではなく，地上にある巨大なデータセンター（図 5.5）が実態です。国防や軍事にかかわるデータセンターの場合，核攻撃にも耐えられる地下深くなどに作られていると思われますが，場所などの詳しい情報は機密にされています。

5. AIやデータ社会の進展に伴う課題 I

図 5.5 データセンター内部の一例

ICT の急速な発展により，蓄積される情報量は 2030 年には 1 ヨッタ（10^{24}）バイト（1 兆バイトの 1 兆倍）を超えるとも見積もられています。それに伴って大きな危機が，技術的特異点（シンギュラリティ）の問題よりも先に生じると危惧されています。2007 年頃から，情報量の増加ペースのほうがストレージ装置の総容量の拡大ペースを上回っており，特に生成 AI の活用などにより，さらに情報量の増大が続くとすると，現状の ICT 技術の延長ではすべての情報を適切に保存できずに，情報を廃棄せざるを得なくなる問題があります（2030 年問題とも呼ばれます）。もし，この情報量膨張に対応するためにデータセンターを急増させたとすると，個々のデータセンターは膨大な電力を使うので，原子力発電所をさらに 500～1000 基ほど作らなければならないと見積もられており，環境問題や予算の点から考えても，とても無理と思われます。

したがって，重要な情報だけを保存し，無駄な情報は捨てていくことになります。実際に，ある調査によれば，インターネットで流れている全情報量の 0.004％ 程度しか，人々に利用されていないという試算もあります。そうするとほとんどが無駄な情報ということになりますが，その中から重要で価値がある情報と無駄な情報を振り分けることは，実はとても難しい課題です[43]。

未来学者トフラーが 2010 年に「重要な情報がサーバースペースのゴミとして扱われてしまう」という警告を出しました[44]。身近な例では，パソコンを共用

しているときに，不要なファイルと思ってゴミ箱に捨ててしまっても，実は他のユーザーにとっては重要な情報だったりすることがあげられます。情報の価値の評価軸は，個々人によって，また特定のグループや組織，国や文化によってさまざまに異なります。したがって，スケールの異なるそれぞれのドメインごとに適切な情報評価基準を多次元的に定め，どの次元でも低い評価に位置付けられた情報は，低速ですが保存コストが安い媒体（磁気テープなど）に移管し，あるタイムスパンをおいて破棄するなどの情報トリアージ処理が必要となっています[43]。スケールの違うそれぞれのドメインごとのトリアージでも，全体としてみれば，大きなトリアージ効果が得られると考えられます。

章 末 問 題

【1】 アシモフの作品『われはロボット』を原作として製作された 2004 年の SF 映画『アイ，ロボット』の中で，人間の刑事がロボット嫌いになった理由が描かれています。その刑事が乗った車が他の車とともに交通事故に巻き込まれ，水中に転落してしまいます。そのときに救助ロボットが現れ，刑事は自分よりも先に他の車の中にいる少女を助けるようにいいましたが，刑事のほうを助けてしまい，少女は亡くなってしまいます。そのロボットは，その状況で助かる確率は少女が 10％で，刑事は 40％と計算したからでした。このストーリーもある種の「トロッコ問題」であり，合理的判断，倫理的判断，感情的判断などが複雑に絡んでいる難しい問題ですが，刑事と救助ロボットの行為について，あなたの評価をまとめてください。

【2】 伝統的な考え方では，行為や判断の責任主体は個々人にありましたが，今日のAI・データ社会では個々人の倫理的・道徳的責任は縮小する傾向にあるとされています。このような観点から，自動運転やビッグデータ利用に共通する問題や課題をまとめてください。

【3】 今日では，個人の PC やスマートフォンでも大容量のデータを扱うことが可能です。そのため，企業のように大規模な取組みとはいかないまでも，個人規模でも相応のデータガバナンスが必要とされています。各自が行っているデータ管理やマネージメントで，大切と思われる点や効果的な工夫をあげてください。

第 6 章
AI やデータ社会の進展に伴う課題 II

　この章では，AI 社会が抱える根底的な問題を検討するために，情報ピラミッドという観点から，生物とコンピュータの進化プロセスを眺め，たがいに逆方向の進化をたどってきたことを紹介します。そして，逆方向の進化過程を乗り越えて，AI やロボットの能力が人間を凌駕するとされる技術的特異点（シンギュラリティ）が実際に到来するかどうかの可能性や，関連する深刻な問題を議論し，理解を深めます。

6.1　コンピュータの進化と動物の進化

6.1.1　鉄腕アトムと強い AI

　日本にテレビが一般家庭に普及し始めたのは，1960 年代に入ってからでした。その頃の子どもたちは，天才漫画家の手塚治虫が制作したアニメで毎週放映される『鉄腕アトム』に夢中になっていました。そして，多くの子どもたちは大人になった頃には，アトムのようなロボットと友達になり，一緒に働くのだろうと予感していました。ところが，いつまでたってもアトムのようにロボット自身が周囲を認識して考え，行動する自律型ロボットは現れません。図 6.1 は，宝塚市にある

図 6.1　アトムの誕生（宝塚市立手塚治虫記念館）

手塚治虫記念館を 2002 年に訪れたときの写真です．漫画の設定では，2003 年がアトム誕生の年だったので，記念館の中ではアトムは人工子宮の中に入っていて，もうすぐ生まれるような状態で展示されていました．それから 20 年以上たっても身の回りには，ロボット掃除機や，時折見かけるペッパーのような案内ロボットしか目に入ってきません．

手塚治虫が漫画家としてデビューした 1950 年代は，人工知能（AI）が提唱され始めた頃で，その意味でも手塚治虫は先駆的であったわけです．当時の AI 研究者が想定していた未来像もバラ色に描かれることが多かったのでした．しかし，第 3 章の AI の歴史でも学んだように，最初の頃の AI ブームは急速にしぼんでしまいました．これからは，第 3 次 AI ブームを超えて第 4 次 AI ブームといわれるようになり，2045 年には AI が人間の能力を超えるとされる技術的特異点（シンギュラリティ）が訪れると予想されています．知識情報処理の側面では，高度な AI である汎用型人工知能（AGI），さらにその先の人工超知能（ASI）への進化は起こりえるかもしれません．しかし，2045 年には本当にアトムのようなロボットは現れるのでしょうか？ これについては懐疑的な意見もあります．アトムのように自己意識をもって目標を自律的に設定し，内発的動機づけをもって万能的に行動するロボットには「強い AI」（3.1.6 項参照）が必要です．さらに，6.2 節で解説するように，人間の能力の基盤でもある感覚や身体運動機能，感情や共感の働きも含めて考えると，人間を超える強い AI やアトム型ロボットの出現はきわめて難しいとする予想もあるのですが，いかがでしょうか．あと 20 年もすれば，その答えをみなさんご自身で確かめられることと思います．

6.1.2 情報ピラミッド

アトムのようなロボットが出現する可能性について消極的に考える理由には，図 6.2 に示すように，人間に関わるデータ量や多様性を横軸に，それらのデータの抽象度を縦軸にとった場合に描かれる「情報ピラミッド」という考え方がもとにあります．

6. AIやデータ社会の進展に伴う課題 II

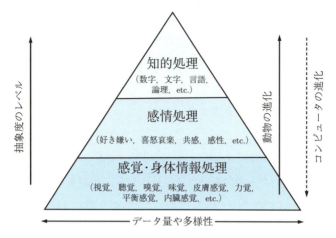

図 6.2　コンピュータと動物の進化方向を表す情報ピラミッド

　ピラミッドのトップには計算や文書，論理処理などにかかわる知的処理があり，これらの情報は抽象度が高くてデータ量も小さく，構造化もされやすいので，コンピュータが扱いやすく，どんどん得意になる処理の領域です。

　ところが，人間を含め生体の場合，ピラミッドの基底部には，感覚・身体情報処理がベースとして存在します。この領域における情報の抽象度は低く，多種多様で，ほとんどがデジタル化しにくい膨大なアナログ情報です。視覚や聴覚は遠感覚とも呼ばれ，遠くの情報をキャッチするものですが，痛みや冷たさなどの皮膚感覚，味覚や嗅覚は近感覚と呼ばれ，身体に近い情報を検知します。そして，自らの身体の状態を検知する自己受容感覚として，平衡感覚や筋運動感覚，内臓感覚などの内受容感覚があります。コンピュータでは視覚や聴覚情報の処理や提示はできますが，味覚や嗅覚の近感覚情報を操作することはまだ至難の業です。また，手足の細かな運動処理も苦手です（最近は，Boston Dynamics社のロボットがパルクールなどもできるようになってきましたが）。

　情報ピラミッドの真ん中の部分にあるのは感情処理です。生体は，感覚や身体から発信される情報をベースとして生起するいろいろな感情を感じ取ります。快不快は代表的なものですが，人間の場合，感情は繊細で，共感や芸術的感性などがあります。これに関連することで印象に残っているのは，アーノルド・

シュワルツェネッガー主演の映画『ターミネーター』シリーズをみたときです。完璧な人型マシンであるターミネーターが，少年ジョンが泣いているのをみて，「どうした？ 眼が故障したのか？」と尋ねるシーンがありました。ターミネーターにはハードウェアとして高性能の視覚装置は備わっていましたが，生身の身体として眼をもたないので身体と感情との連結を理解できないばかりか，そもそも感情がないのでしょう。

　情報ピラミッドの中段に位置する感情処理は，その上段にある知的処理にも影響を与えます。好意や嫌悪感が強いと，合理的な判断ができなくなったり，偏り（バイアス）が生じることはよく経験するところです。また論理的に考えず，直観的に物事を決めてしまうこともよくあります。心理学関連の研究ではじめてノーベル賞を受賞したカーネマン（D. Kahneman）によると[46]，このような感情的で直観的な処理はシステム 1 と呼ばれ，システム 2 と呼ばれる知的・論理的処理よりも前に素早く働き，即座に行動を導くので，特に非常事態や緊急時には適応的な働きをみせることがあります。

　さて，身近なペットである犬や猫などをみてみると，感覚・身体情報処理はとても優れ，人や他の動物の気配などを敏感に感じ取り，ジャンプして飛びついたりします。また，飼い主であることがわかると，しっぽを振ったり，甘えたりする仕草をします。ですが，犬や猫は計算ができません。ですから，人類も含めて動物は情報ピラミッドの底部から上部へ進化を重ねてきたと考えることができます。一方，コンピュータの進化はその方向とは逆に上部から下部に向かって進化し，計算や記号処理は得意ですが，感情や感覚情報の処理が苦手なので，まだまだ大きな比重を占める底部には届いてない状態です。このように，人間や動物にとって簡単にできることほど，コンピュータには難しいことをモラベックのパラドックスと呼びます。

6.1.3　介助犬とサービスアニマル

　人間をサポートするロボットでよく取り上げられてきたのは盲導犬ロボットです。これまで何度も試作がなされてきましたが，あまりうまくいかず，近頃

では開発が停滞気味で，実用化はまだ先のようです。ネックになっているのは，障害物などを検知する視聴覚能力，階段の上り下りなどの走行能力，電池の稼働時間や本体の軽量化などの問題です。

一方，図 6.3 は手足に傷害のある方のいろいろな生活場面でサポートする介助犬の様子です。携帯電話などを拾って持ってきたり，靴下を脱ぐのを手伝ったり，階段の上り下りを補助したり，ドアを開けたりして，さまざまな汎用的働きをしてくれます。重いロボットとは違い，体重も 25 kg 程度で元気に活躍しますし，電池切れの心配もありません。また，さらに大切な点は，介助犬と利用者の間に愛着ができ，喜怒哀楽をともにすることにより人生の質（qualty of life, QOL）が高まることがあげられます。海外ではサービスアニマルとして，介助猿（ヘルパーモンキー）や小馬（ポニー）なども活躍しています。

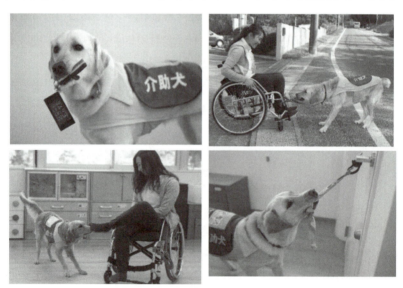

図 6.3　いろいろなサポートをする介助犬[47)]

愛らしい表情や動きをするラボットのような玩具ロボットと違って，冷たく重い機械のような介助ロボットでは感情処理の面でつながりができるとは思えません。やはり，情報ピラミッドの基底部から進化した動物のほうが，未熟な

ロボットよりもこれからも末永く人間のサポートをしてくれることになりそうです。

6.2 AIが進展する際の難しい問題

6.2.1 不気味の谷の問題

ロボットが完璧な人間になるためには，実は外見上の問題からも大きな障壁があります。図 6.4 は，ロボット工学者の森正弘博士が 1970 年に予言した「不気味の谷」の問題です。人間へのみかけの類似度が高まると，単なる機械の形をしたロボットよりも好感度は高まりますが，類似度がかなり高くなった時点で，突然，不気味さが現れてしまい，好感度が急激に落ちてしまう現象があるというのです。

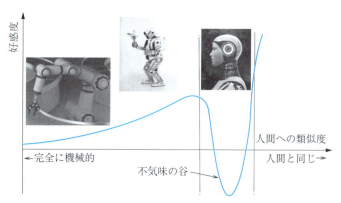

図 6.4 不気味の谷に落ちたヒューマノイド（人型ロボット）と好感をもたれるロボット

蝋人形やマネキンなども怖い場合がありますが，2019 年の NHK 紅白歌合戦で「AI・美空ひばり」が出演した例でもそのようなことがありました。実は，ロボットではなく，4K の 3D ホログラム映像によるものでしたが，歌はともかく，表情や仕草に不気味さを感じた方も多くいました。不気味の谷現象が生じる理由はまだよくわかっていませんが，1 つの考え方に分類困難仮説がありま

す[48]）。これはロボット，これは人といったように，簡単に見分けが付く場合には，認知的に負荷がかからず，安心します。しかし分類が困難な場合には，見分け方に不安を感じたり，あるいは未知のものとして不確定のままにする不安定さが生じてしまいます。一方で，自閉症傾向が高い方には不気味の谷現象が現れずに，むしろ好まれるので，ヒューマノイド（人型ロボット）を介して表情認知や表出などのコミュニケーション機能を促進し，療育に利用しようとする試みもあります[49]。

そういえば，鉄腕アトムの容姿は子どもっぽく，いわゆるベビースキーマをふんだんに使っているので，老若男女を問わずに好かれているのでしょう。同じように，完璧な人間の姿とはほど遠いぬいぐるみのような容姿で，簡単なおしゃべりをしたり，仕草をしたりするロボットは，不気味の谷とは無縁に，癒し系ロボット，あるいはメンタルコミットロボットと呼ばれ，一人暮らし家庭や介護施設などで，大活躍しています。

6.2.2 フレーム問題

AI による制御で難問となるのはフレーム問題です。この問題はもともと，AI 研究者のマッカーシー（J. McCarthy）とヘイズ（P. J. Hayes）によって，1969 年に提唱されました。フレーム問題とは，AI が問題解決を行おうとするときに，何が課題にとって重要なファクターで，何が無視してもよいファクターであるのか，その枠付け（フレーム）を自律的に判断することが非常に困難であるという問題です[50]。

身近な例ですと，AI による自動運転があげられます。自動運転中に通行人が飛び出してこないか，前を走行しているトラックが急ブレーキを踏まないか，雨が降った路面でタイヤがスリップしないかなどの事象は，事前学習やプログラミングにより対応できます。しかし，前を走る車の荷台から物が落ちそう，道路脇の崖が崩れそう，トンネルが崩落しそう，空から飛行機が墜落してこないかなど，確率はとても低いのですが，可能性として少しでも考えられることを取りあげればきりがありません。それらのようなケースを想定して自動運転に組み込

むと，AIの判断速度はどんどん遅くなり，実用にならなくなる問題があります。

　人間の場合，あらゆることを想定して身動きが取れなくなることはなく，これまでの経験から知らず知らずのうちに蓄積された技や知恵，勘や直観的思考（ヒューリスティクスと呼ばれます）をうまく利用してフレームを適応的に定めることでフレーム問題を起こすことなく，自動車運転だけでなく，日常生活のさまざまな場面でほとんどの時間を比較的安全に安心して過ごしています。

6.2.3　記号接地問題

　1990年にカナダの認知科学者ハルナッド（S. Harnad）は，コンピュータは記号を操作できても，その意味は理解していないとして，情報処理システムが扱う記号や概念を，実世界の意味と結び付ける（接地させる）必要があるという重要な指摘を行いました。これを記号接地（シンボルグランディング）問題と呼びます。例えば，「コップ」という記号は，さまざまな形状をした器のことを指しますが，人間の場合，手や口やのどを使って，硬さや冷たさを感じたり，うまく傾けたりして水を飲んだり，洗ったり，落として割ったり，手や足を切ってケガをしたりするなどのいろいろな体験を身体を介して結び付け，コップを取り巻く意味体系として深く理解しています（図6.5）。

　ところが，コンピュータの場合，画像を認識してコップという記号は生成できますが，身体をもたないので，人間のような具体的な体験を伴う意味体系とは結び付けはできません。いわば地に足が付いていない情報になっています。試しに，スマートフォンのSiriで，「どうして幼児がコップをもつと危ないのですか？」と聞くと，「Webでこちらが見つかりました」とURLリストを表示することがあります。

　生成AIのChatGPTなどでは，もっともらしい答えを返すことはできますが，大量のテキストデータからコップという単語に関連した記号列を検索して，マッチしているものを集約して言語情報を返しているにすぎません。元になったテキストデータは，すべて親とか保育士が書いた記事で，結局，人間が答えたものでした。

図 6.5　記号接地問題の簡潔な説明

　接地問題は記号だけでなく，感情の理解にとってはさらに重要な問題になると思います．私たちは，感激したり，怖がったり，共感したりするときなど，「胸が弾むうれしさ」，「天にも昇る気持ち」，「鳥肌が立つ」，「手に汗握る」，「浮足立つ」，「背筋が凍る」，「胸が張り裂ける思い」，「断腸の思い」などのたくさんの表現のように，それらの感情を身体に結び付けて（接地させて）います．また感情を表すときには，視覚や聴覚などのように遠くにある情報をキャッチする遠感覚よりも，皮膚感覚や自己受容感覚，内臓感覚などの近感覚による表現が多く使われていることがわかります．近感覚は身体により直結する情報をキャッチする機能を担うのでおのずとそうなるのでしょう．

　一方，現在のコンピュータや ICT 技術が伝えるのはおもに視聴覚情報なので，そのような状態のままの IT 機器だけに頼っている情報社会環境では感情体験が脆弱になる可能性も懸念されます．人間が記号や感情の意味を身体を介して接地させている理由の1つは，身体は生物としての人間に共通の基盤になっていることがあげられます．ともかく，コンピュータが共通基盤となる身体を

もっていないことは，技術的特異点（シンギュラリティ）に至るまでの大きな難問となるでしょう[51]。

6.3　ICT の進展と子どもの教育

2018 年に，内閣府が打ち出した新しい情報化社会像である Society 5.0 構想（1.3 節参照）に伴って，2019 年には文部科学省から GIGA（global and innovation gateway for all）スクール構想が提出されました[52]。この提案は，これからの AI やビッグデータ，DX 社会を生きる子どもたちにとって，教育における ICT を基盤とした先端技術などの効果的な活用が求められることを前提としています（図 6.6）。しかし一方では，現在の学校現場の ICT 環境の整備は遅れており，自治体間の格差も大きいので，令和の時代のスタンダードな学校像として，児童生徒向けの 1 人 1 台端末と，高速大容量の通信ネットワークを一体的に整備する構想となっています。そして，多様な子どもたちを誰一人取り残すことなく，公正に個別最適化された創造性を育む教育が，持続的に実現されることを理想としています。

学校現場における ICT 化は 2001 年頃から進展はしていたのですが，新型コロナ感染症問題による遠隔教育などの必要性から，急速に注目を集めるようになり，より力を入れて取り組まなければならない課題となりました。直観的な操作を実現可能にする GUI（graphical user interface）を備えたタブレット端末などの導入により，以前のコンピュータ教育などで要した大きな負担とは違って，教師側も児童生徒側でもかなり負担は低減すると予想されますが，やはり初期設定における準備時間などの問題は大きいと思います。また，学校現場でのネットワークはともかく，児童生徒一人ひとりの家庭でのネット環境に格差が生じないように整備が必要です。

いろいろな課題はあるものの，GIGA スクール構想が整えばその恩恵は大きいものがあると期待されます。特に，読み書きに関する学習障害（learning disability, LD）や，注意集中困難や多動傾向（attention-deficit hyperactivity disorder,

新時代における先端技術を効果的に活用した学びのあり方

Society 5.0 の到来

求められる能力
- 飛躍的な知の発見・創造など新たな社会を牽引する能力
- 読解力，計算力，数学的指向などの基礎学力

社会構造の変革
- 一人一人の活動に関するデータ活用による革新的サービス
- ビッグデータ・人工知能(AI)の発達による新ビジネスの拡大

雇用環境の変革
- 単純労働を中心に，AIやロボティクス発展の影響
- 人間は創造性・協調性が必要な業務，非定形業務を担う

子どもたちの多様化
- 他の子どもたちとの学習が困難
- ASD，LD などの発達障害
- 日本語指導が必要
- 特異な才能をもつ
  など

多様な子どもたちを
「誰一人取り残すことのない公正に個別最適化された学び」の実現

ICT を基盤とした先端技術や教育ビッグデータの効果的活用に大きな可能性
教師本来の活助を置き換えるものではなく，
「子どもの力を最大限引き出す」ために支援・強化していくもの

- 各教科の本質的理解を通じた，基盤となる素質・能力の育成
- 協働学習・学び合いによる課題解決・価値創造
- 日本人としての社会的・文化的価値観の醸成

<u>学校・教師の役割</u>

図 **6.6** 新時代に求められる教育（GIGA スクール構想から[52]）

ADHD），集団での学習が苦手な自閉傾向 (autistic spectrum disorder, ASD) や，特異才能をもつ生徒一人ひとりの多様性に応じた「誰一人も取り残すことのない」教育の個別的最適化という考え方は，国連が提唱している「持続可能な開発目標（SDGs）」（14.1 節参照）にも共通した素晴らしいものです。

しかし，ほとんどの技術革新にはメリットとデメリットの面があるように，子

どもがタブレットやスマートホンなどの情報端末を日常的に長時間使用することには、さまざまな問題も指摘されています。2015 年に日本小児医療保健連絡協議会の出した提言[53] によれば、ICT 機器の長時間使用は睡眠時間の乱れや、視力、体力の低下、また実際の会話でのコミュニケーション能力の低下、そして SNS などでのいじめや性犯罪などのトラブルに巻き込まれる問題や、ネット依存の問題などが指摘されています。実際、2010 年から行われた仙台市教育委員会の縦断的研究では、スマートホン使用時間が 1 日 1 時間以上に増えた児童生徒の学力成績は低下するというデータがあります[54]。GIGA スクール構想で配布されたタブレットが、本来の学習以外の目的に使用されて同様の問題を引き起こさないように、学校での情報モラル教育や保護者による適切な使い方管理が必要となります。例えば、東京都教育委員会が定めた「SNS 東京ルール」などがあります[55]。また、2024 年にはオーストラリア議会で、16 歳未満の子どもが SNS を利用することを禁止する法案が可決されています。

　内閣府が提唱した Society 5.0 の考え方のベースには、コンピュータネット上の空間（サイバー空間）と現実空間（フィジカル空間）とを高度に融合させたサイバーフィジカルシステム（CPS、8.2.1 項参照）により、経済発展と社会的課題の解決を両立する人間中心の社会という考え方があります。GIGA スクール構想でもこの考え方は受け継がれています。ICT 機器を発達初期段階から長時間、長期に使用することにより、コンピュータネット空間での学習理解が進み、現実空間での体験をより充実させるなどバランスよく配慮していくことがとても重要と考えます。特に、新型コロナの流行下では、遠隔授業が多く行われ、子どもたちに与えられるのはほとんどが視覚情報と聴覚情報で、それ以外の感覚をほとんど使わないことが多い傾向があると思います。例えば、理科の授業でアルコールランプを使う課題の際に、それをタブレット画面でみただけで、アルコールランプを持った時の重さや感触、熱さ、炎の臭いなどの意味体系をしっかりと体得することはできるのでしょうか。記号接地問題のところで考察したように、五感や身体感覚を介した実体験がしっかりしていなければ、タブレット画面上で学んだ知識を地に足を付けて身に付けることは難しい

かもしれません。

　本章で学んだように，AI や ICT によりもたらされる知識中心の情報環境だけでなく，生物としての人間の基盤を大切にして，長い進化過程で培ってきた感情や感覚，そして身体をのびのびと発達させる豊かな環境をバランスよく整えることが未来社会にも求められ続けるでしょう。

章 末 問 題

【1】 本文中に，「ノーベル賞を受賞したカーネマンによると，このような感情的で直観的な処理はシステム 1 と呼ばれ，システム 2 と呼ばれる知的・論理的処理よりも前に素早く働き，即座に行動を導くので，特に非常事態や緊急時には適応的な働きをみせることがあります。」との記述があります。その具体例で思いつくものをあげてください。

【2】 あなたの日常経験や，ネットやニュースでみたいろいろなロボットの中で，愛着を感じそうと思えるロボットと，不気味さを感じてしまうようなロボットを紹介して，なぜ，そのような違いが生じるのか，あなたの考えを紹介してください。

【3】 子どもが発達の早い段階からスマートホンやタブレットなどの ICT 機器に触れ，学校現場でもそれらの機器を介した学習機会が増加することによるプラスの面およびマイナスの面について，あなたの考えをまとめてください。

第7章

AI・データ社会で求められること

　この章では，まず，AI社会が引き起こすとされる雇用問題について考察します。そして，AIが社会に及ぼすインパクトを議論し，倫理や原則をまとめようとする世界的動向の中で，日本政府がまとめた「人間中心のAI社会原則」について解説を行います。

7.1　AI社会での雇用の変化

　「人工知能（AI）の進歩によって雇用が失われる」というメッセージはインターネットや雑誌などでよく目にします。特に最近の生成AIの進展は驚異的で，文書を扱う仕事，画像や音楽を創作する仕事，プログラミングやマニュアル作成などをする仕事までもが近い将来に代行され，人が働く職場がなくなってしまうなどと言われています。

　雇用喪失問題の大きなきっかけとなり，よく引用されるのは，2013年にオックスフォード大学に所属する機械学習の研究家のフレイ（C. B. Frey）とオズボーン（M. A. Osborne）が提出したデータで[56]，20年後ぐらいには47％がAIに代替されるリスクがあるというものです。彼らはこのデータを導くためにまず，70種類の職業を対象にして，コンピュータ化の実現可能性について有識者に主観的に判定してもらいました。次に，主観的な判定を再現するための数理モデルを機械学習によって生成し，約700種の職業に適用してみました。このような方法をとったのは，より広範な職業に対して一貫性を保ちつつ拡張するためでした。その結果，AIに置き換わる確率が高い職業は，輸送関連，製造

関連，業務管理・事務関連，販売関連，サービス業などであることがわかりました。反対に AI に置き替わる確率が低いものは，教育・司法・芸術・メディア関係や，ヘルスケア・医療関係，コンピュータ関連の職業であることが示されました。これらの結果にも表れているように，一般に非定型で多様なコミュニケーションを必要とし，創造的な仕事ほど AI 化されにくいことが知られています。

　ただし，フレイとオズボーンの研究報告には大きな欠点が指摘されています。まず，職業ごとの分類が，仕事内容の実態をよく反映したものではないということです。例えば，報告結果をよくみてみると，サービス関連業は AI 化されやすい職業にも，されにくい職業にも表れています。これは 1 つの職業の中にもさまざまなタスクがあることを示しています。定型的なタスク中心のサービスもあれば，高度なコミュニケーション力が必要な非定型のタスクからなるサービスもあるということになります。そこで，ヨーロッパ経済研究センターのアーンツ（M. Arntz）ら[57]は，職業を構成するタスク（業務）ごとに分解して検討した結果，自動化される可能性が高い職業は，OECD（経済協力開発機構）加盟している 21 の国の平均で 9%程度の低い値であるとしました。

　フレイとオズボーンの研究のもう 1 つの欠点は，AI による自動化によって，新たに創出される職業がまったく考慮されていないことです。これまでにも技術革新が起こるたびに，雇用の消失と創出の波は繰り返されてきました。例えば，第 2 次産業革命によって馬を動力に使う必要がなくなり，馬にかかわる職業は激減しましたが，代わって自動車産業では大きな雇用が生まれました。第 3 次産業革命ではコンピュータによる自動制御によって，電話交換手のような仕事はなくなりましたが，プログラマーやシステムエンジニア，ネットワークプロバイダ，サービスコールセンターなどの仕事が次々に出てきました。

　AI 化が進展する第 4 次産業革命では，AI が偏った情報を過剰に学習しないように，適切にトレーニングを行って AI の動作を監督したり，メインテナンスする仕事はとても重要で，必要不可欠な仕事（エッセンシャルワーク）に含まれていくと思われます。このような仕事は生成 AI にとっても重要です。達成

したい目標や目的にかなった的確な回答を生成 AI から得るためには，課題を適切に明細化してから，生成内容を AI に指示する作業技術（プロンプト・エンジニアリング）が必要です。また，AI が生成する誤った情報（ハルシネーション，幻覚とも呼ばれます）には，とんでもない誤りや，もっともらしい嘘があるので，最終的に人間が妥当であるか，事実であるかを検証する作業（ファクトチェック）を行う重要な仕事があります。

さらに，自動化によって少子高齢化による労働人口縮小もカバーすることができ，また効率化により労働時間も短縮されることが予想されます。それにより生まれた余暇時間を楽しみ，学び，創造し，体を動かし，健康的な生活をおくることをサポートするような仕事も増えていくことでしょう。

ですから，AI の雇用に対する影響については，不必要なまでに不安を感じることなく，AI の進展によって，人間のもっとも人間らしい活動や生活の仕方がより明確化され，「人間だからこそできること，やってみたくなること」が再発見されたり，再認識されたりして，新しい仕事の取組みが展開されることを期待したいと思います。

7.2　人間中心の AI 社会原則

AI の進展に伴う雇用への影響とともに，AI が社会に及ぼすインパクトを議論し，倫理や原則をまとめようとする動向の中で，日本政府も 2019 年 3 月に「人間中心の AI 社会原則」をまとめました[58]。その概要を示したものを図 7.1 に示します。この図の中心にあるのが，3 つの基本理念で，その周りに 7 つの原則が記されています。

基本理念の第一にあげられているのは，「人間の尊厳が尊重される社会」です。人間が AI に過度に依存したり，人間が AI にコントロールされ利用される社会を構築するのではなく，人間が AI を道具として使いこなすことによって，人間がより大きな創造性を発揮したり，やりがいのある仕事に従事したりすることで，物質的にも精神的にも豊かな生活を送ることができる社会を構築する

7. AI・データ社会で求められること

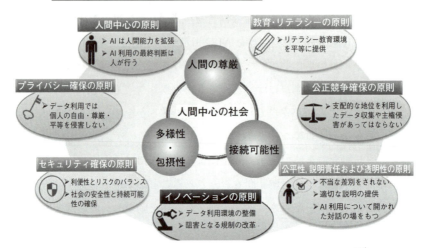

図 7.1　内閣府が 2019 年に提案した「人間中心の AI 社会原則」[58]

とされています。

　第二は「多様な背景をもつ人々が多様な幸せを追求できる社会」で，人々の多様性を柔軟に包み込んで，AI の適切な開発と展開によって新たな価値を創造できるように社会のありかたを変革するとされています。

　第三は「持続可能性がある社会」です。AI の活用により，社会の格差を解消し，環境問題や気候変動などにも解決策を見いだしながら，持続可能性のある社会を構築する必要があり，科学・技術立国としての日本には，そのような社会を作ることに貢献する責務があるとされています。

　これらの基本理念をベースとして，図 7.1 の中に配置された **7 つの原則**が提案されました。それらは，「人間中心の原則」，「教育・リテラシーの原則」，「プライバシー確保の原則」，「セキュリティ確保の原則」，「公正競争確保の原則」，「公平性，説明責任および透明性の原則」，「イノベーションの原則」です。個々の原則の短い要点が図 7.1 の中に記載してあります。詳しく知りたい場合には，統合イノベーション戦略推進会議決定[59]を見てください。

　これらの基本理念や原則が，2018 年に内閣府から提唱された構想である Society 5.0 や，2015 年に国連で採択された持続的開発目標（**SDGs**）を念頭に作成さ

れたことは，文面のさまざまなところでわかります。また，これらの原則をまとめられるにあたってパブリックコメントが求められましたが，その中には「AIの定義が広すぎる」との意見がありました。それに対してまとめられた原案文書では，「AIの定義が曖昧であること自体が，AIの研究を加速している肯定的な側面があり，何をもってAIと判断するかに関しては一定のコンセンサスはあるものの，それをことさらに厳密に定義することには現時点では適切であるとは思われない」として，未定義のままに上記の原則をまとめました。AIの定義を限定しないこのような姿勢を評価したいと思います。というのは，前節でも述べたとおり，「AIの進展によって，人間のもっとも人間らしい活動や生活の仕方がより明確化される」と考えるからです。例えば，基本理念である「人間の尊厳」，「人間の多様性と包摂」，「持続性がある社会」は，AIが守るべき理念というよりは，まず人間自身が守るべき理念といえるでしょう。個々の原則のところでも同様のことがいえます。例えば「公平性，説明責任および透明性」は，まずは今日の政治家や経営者らに求められるべき原則といえるでしょう。

　ただし，「人間中心のAI社会原則」の提案書の中には，基本理念と原則が書かれた章の間に，Society 5.0 実現に必要な社会変革には，必要なときにすぐにAIを活用できるように準備が整った状態として「AI-Readyな社会」が提唱されています。そして，近未来に隅々まで浸透してくるAIを受け入れ，活用するために，人の教育，社会システム，産業構造，ガバナンスなどを変革することが求められるとされています。「AI-Readyな社会」という表現のその後の使われ方や，政府のAI戦略の概要などを読むと，本来，手段であるはずのAIが目的であるかのように，教育や社会をそれに合わせて性急に変えるような印象をもつ箇所があります。この背景には，AIやICT化では日本が世界レベルから大きく遅れていると批判されることへの焦りと挽回を考えた対応があると思われます。しかしながら，日本における「人間中心のAI社会」は，これまでわが国を支えてきたモノづくり技術や技巧，クールジャパンとして国策にもなった日本的コンテンツの国際展開，さらに伝統文化や伝統産業の持続的発展などをすべて包含しながら，手段としてのAIを適切に利用しながら展開していく

ことを期待します。

章 末 問 題

【1】 かつて，「モノづくり」大国として評価された日本の名声にかげりがみられる
ようになりました。再興させるにはどのような試みが大切か，各自の考えをま
とめてください。

【2】 AI やデータ社会の進展によって失われる可能性のある職業や，依然として残
る職業，そして新たに生まれる可能性がある職業について，さまざまな予想や
意見がありますが，これまで本書で述べられてきた「人間中心の原則」という
観点から，あなたの意見をまとめてください。

第8章

社会が求めるデータサイエンス

データサイエンスという言葉は 1960 年頃から使われ始めました。この章では，なぜデータサイエンスがあらゆる分野で注目されているのかに着目し，データサイエンスとは何か，なぜ求められているのかについて説明します。また，データサイエンスを学ぶため必要となる知識を踏まえ，どのような世界が広がっているのかについても触れていきます。

8.1　なぜデータサイエンスが必要なのか

8.1.1　データサイエンスとは何か

買い物などの際，64％の人は必ずポイントサービスを利用しているという調査結果[60]があります。サービスを提供する企業側には，ポイントとして還元してでも手に入れたいデータがあります。消費者を囲い込めることに加え，リアルな消費行動を商品企画やマーケティングなどに反映できるメリットがあります。このように，ある目的を達成するためにデータを収集，分析し，有益な内容，つまり価値を見いだすアプローチをデータサイエンスと呼びます。

インターネットの普及，分析ツールやクラウドサービスの発展により，データを高速かつ大量に収集することが可能になりました。例えば，スマートフォンの普及により端末の位置情報によって利用者の所在や移動の記録（人の行動ログデータ）がリアルタイムに蓄積されています。こうして収集されたデータから社会に大きな価値を見いだすことができるかどうかは，実現されつつある Society 5.0 の展望を左右します。データから価値を見いだせるのであれば，データは資

90   8. 社会が求めるデータサイエンス

源としてみなすことができます。

　実際，身近な仕組みに価値を見いだし，その価値を高め，膨大なデータを資源とすることで巨大企業が創出されました。米国の GAFAM や中国の **BAT**（Baidu：百度，Alibaba：阿里巴巴集団，Tencent：騰訊）は巨大企業として世界に影響を与えています（詳しくは 2.3.3 項参照）。

　巨大企業による経済活動に対してはさまざまな意見があると思います。しかし，データの価値を高めたことはイノベーションに違いありません。イノベーションとは，革新的な技術や発想によって新たな価値を生み出し，大きな変化をもたらす取組みを意味します。こうしたイノベーションは，よりよい社会の実現に活かされる必要があります。

8.1.2　データサイエンスの役割

　内閣府が策定した「**AI 戦略 2019**」[61]　に基づき，すべての大学・高専生が，リテラシーレベルの数理・データサイエンス・AI を習得することになりました。

　この戦略の目的は，「Society 5.0 の実現により世界規模の課題解決，日本の社会課題を克服する」ことにあり，AI 利活用の方向性を示しています。AI を中心的に支えているのは，データと機械学習の仕組み（アルゴリズム）です。AI にどれだけ多くのデータを与えることができるかが，AI の進化と性能に大きく影響します。

　さて，データは，例えば「売上を増やしたい」のように何らかの目的があって収集されます。目的実現のためにどのようなデータの項目が必要なのかを検討し決定しなければなりません。逆に，不要なデータが，すでに存在しているデータに含まれている可能性があります。こうしたアプローチもデータサイエンスの役割です。

　また，AI の利活用におけるプロセスや AI が出力した結果を検証する必要もあります。内閣府の『AI 戦略 2019』では，「AI の利用は，憲法および国際的な規範の保障する基本的人権を侵すものであってはならない」という「人間中心の原則」が明記されています[58],[61]。無条件に AI が出した結果を受け入れるの

ではなく，その結果の妥当性や是非を人間が判断し，利活用しなければなりません。こうした判断をする上でもデータサイエンスは大切な役割を担います。

8.1.3 データサイエンスのこれから

2017年，滋賀大学に日本で初のデータサイエンス学部が設置されました。この学部では，文理融合により「価値を創造する力」の育成を目指しています。翌2018年，京都大学大学院医学研究科に臨床統計家育成コースが設置されましたこのコースでは，データサイエンスや統計学に関心を有するのであれば，医学知識の有無を問わず門戸を開いています。このコースは単なるデータ解析ではなく，新しい統計手法を開発し，データ活用の可能性を広げ，医療の進歩につなげることを目指しています。

Society 5.0 の実現に向け，これまで以上に情報や知識の交流が活発になり，新しいアイディアや創意工夫によってさまざまなイノベーションが生み出されることが期待されています。

「価値を創造する力」は『OECD 教育 2030』[62]における「変革を起こす力のあるコンピテンシー」の1つでもあり，イノベーションの中心的役割を担っています。また，医学研究科に医学知識の有無を前提とせずにデータサイエンスに関連するコースが設置されたことは，新しい価値への期待といえるでしょう。医療以外にも，工業，農業，教育などにおいて，データ活用の可能性を広げることが期待されています。医療と工業，農業と教育のように異なる分野どうしの融合によるイノベーションも考えられます。

現在の AI は，特化型人工知能と呼ばれる AI が主流です。特定の分野の課題解決において，場合によっては人間を超えるパフォーマンスを示すこともあります。特化型人工知能の組合せにより，自動運転に代表される利活用が研究開発されています。また，現在の特化型人工知能は「弱い AI」に類するものであり，人間の一部の知能を表面的に模倣するのが原点です。そのため現在の AI は新たな価値を見いだすといった創造性を持ち合わせていません。こうしたことから，「人間中心の原則」に基づき Society 5.0 の実現を目指すために，イノベー

ション創出にもつながるデータサイエンスは大きな役割を担うことになります。

8.2 データサイエンスのはじめの一歩

8.2.1 情報とデータの違い

Society 4.0 までの課題を解決し，実現を目指す社会が Society 5.0 です。Society 5.0 を支える仕組みの 1 つとしてデータの活用に基づく「データ駆動型社会」の実現があげられています[63]）。

このデータ駆動型社会とは，サイバー空間とフィジカル空間を高度に融合させたシステム（サイバーフィジカルシステム，CPS，図 8.1）により，データが付加価値を獲得し，フィジカル空間を動かす（駆動する）社会とされています[64]）。フィジカル空間で収集されたデータがサイバー空間に蓄積されます。蓄積されたデータを分析し，その結果を基にフィジカル空間で活用していきます。活用後に集めたデータを収集し再び蓄積するといったサイクルが駆動することによって私たちの社会がより豊かになることを目指しています。

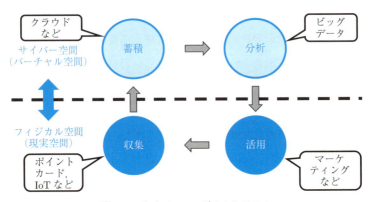

図 8.1 サイバーフィジカルシステム

さて，日常生活において「データを得る」，「情報を得る」という表現を使うことがあります。表現は似ていますが「データ」と「情報」のもつ意味は大きく異なります。

データとは「事実を数値などで表したもの」であり，客観的資料を意味します。これに対し，今日のネット社会において情報とは「何らかの目的のために，データを加工したもの」を意味します。データは事実ですが，情報はデータに発信者の主観を加えることが許されます。データを意図的に変更，削除することは改ざんであり，事実をゆがめる危険な行為です。存在しないデータを意図的に作成すること，つまりデータのねつ造もあってはならないことです。また，他者が所有するデータを無断で自分のデータとすることは盗用となります。これらの行為に手を染めてはいけません。一方，情報は発信者の主観が加わっている分，その内容が正しいかどうかを受信者が判断する必要があります。

情報社会である Society 4.0 では情報を得やすくなった反面，必要とする情報の選択や判断が困難になりました。この困難性を解決するために，AI によって大量のデータから最適な情報が提供されるのが Society 5.0 であるともいえます。

8.2.2 データサイエンスのステップ

データサイエンスのステップの一例を（1）から（7）として紹介します（図8.2）。データサイエンスは仮説を立て検証するというアプローチであることから，PDCA サイクルのように問題解決を導くための思考と似たステップになります。そのため，データサイエンスのサイクルとも呼ばれます。以下，本書では具体的な事例には触れずに，7つのステップを紹介していきます。

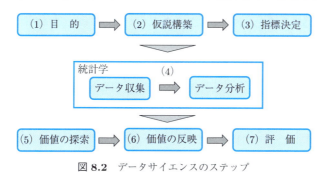

図 8.2 データサイエンスのステップ

94　　8. 社会が求めるデータサイエンス

（**1**）**目　的**　　どのような問題を解決したいのか，データにより何を実現したいのかなどの目的を明確にします。例えば，「売上を増やす」という目的よりも，「商品 A の売上を現在の 1.2 倍にする」のように目的を具体化する（目標設定）ことが実現に向けた価値を見いだす近道になります。

（**2**）**仮説構築**　　期待される結果，つまり価値を予想します。次のステップであるデータの種類（指標）の決定に向けた準備です。構築した仮説を検証することにとらわれるのではなく，あくまでも指標を特定するための準備ステップである点に注意が必要です。

（**3**）**指標特定**　　どのような指標を集めるのかを決定します。複数の指標がすでに存在しているのであれば，その中から必要なデータを決定することにもなります。商品 A の売上を現在の 1.2 倍にすることが目的であれば，商品 A の月ごとの売上高，来客数，他の商品の売上状況，メーカーの売上状況，気象データといった指標が考えられます。

（**4**）**データの収集と分析**　　各指標から得られたデータを統計学により分析します。このステップでは統計学の知識とスキルが必要になり，場合によっては数学や情報学（特にプログラミング）を活用します。また，統計学的な分析方法について，なぜその分析方法を採用したのか説明し，分析結果を必要としている方々に理解してもらう必要があります。統計学的な分析方法については，9 章以降で取り上げます。

（**5**）**価値の探索**　　実現したい内容に対し有意義な価値を見いだします。どのように価値を探索するかは採用した分析方法によって異なることもあります。得られた価値が期待に反するものであれば，仮説が誤りでありその価値を採用しないといった判断も求められます。

（**6**）**価値の反映**　　目的を達成するために，得られた価値を実行に移します。

（**7**）**評　価**　　価値の反映の結果，目的が達成したのかどうかを評価します。何をもって達成と判断するのかは，評価の前に設定しておくと，恣意的な評価を避けることが可能です。目的が達成できなかったと評価した場合は，目的の妥当性から検証し，再アプローチする，断念するなど今後の対応を判断

することになります。

　データサイエンスのステップは，こうでなければならないといったルールは存在しません。①課題抽出と定式化，②データの取得・管理・加工，③データ解析と推論，④結果の共有，⑤課題解決に向けた提案というステップで示されることもあります。本書のステップ（1）〜（7）とは厳密には一致しませんが，（1），（2）と，（3）のなぜその分析方法を採用するのかまでが①課題抽出と定式化，（3）に取得したデータの管理（組織におけるデータガバナンス）を含め②データの取得・管理・加工，（5）が③データ解析と推論，（6）と（7）をあわせて④結果の共有と⑤課題解決に向けた提案，のように対応しているとみなせるでしょう。

8.2.3　見えるものが真実とは限らない

　図 8.3 に示すようにデータサイエンスの根幹をなすのは，統計学，数学，情報学です。統計学とは，データの集め方や分析方法を学び，規則性を見いだす学問です。統計学には数学の知識が必要になります。ただし，数学は論理から事実を見いだすのに対し，統計学は事実から論理を見いだす違いがあります。また，情報学は統計学の効率的活用に力を発揮します。一般的なデータ管理ソフトウエアで扱うことが難しいほど巨大，かつ複雑なデータの集合をビッグデータと呼びます。ビッグデータを扱うには情報学の知識とスキルが必要になります。

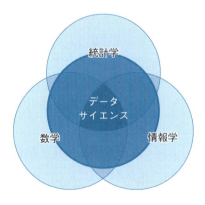

図 8.3　データサイエンスを構成する学問領域

96　　　8.　社会が求めるデータサイエンス

統計学は，記述統計学，推測統計学の2つに大きく分けられます。記述統計学では，収集したデータから平均や分散などを求めそのデータの傾向や性質を把握します。推測統計学では，全データを収集できないような集団から標本となるデータを抽出して元の集団の特徴や性質を推測します。現在では，ビッグデータを扱うことにより，これまですべてのデータが収集できなかった集団についても，すべてのデータに近いデータ数が得られるようになり，データ分析の精度が高くなりました。データの量がビッグデータ級でなければ，RやEZR（Easy R）などの統計解析ソフトウェアによって分析が可能ですし，Excelなどスプレッドシート型の表計算ソフトウェアでもある程度の分析を行うことができます。

なお，表計算やデータ分析に用いられるさまざまなソフトウェアでデータをやり取りする際，データの各項目をカンマ（,）で区切って列挙したCSV形式のデータを用いると互換性が高まります。総務省統計局では互換性をさらに高めるためのルールを決めており，1セル1データとなっていること，数値データは数値そのものとし文字列を含まないこと，セルの結合をしていないことなどのチェック項目を定めています[65]。このようなルールを守り，コンピュータ（機械）のソフトウェアでそのまま読めるデータは機械判読可能なデータ，あるいは機械可読なデータと呼びます。さて，ソフトウェアは，印刷用の表のように，セルを結合するなどして人が見やすさを追求した表のデータ，ましてや文書ファイルの表を読み込むことが苦手です。データを共有したり公開したりする場合には，機械判読可能な形式とすることを心がけましょう。

記述統計学の場合，平均や分散などの代表値や統計グラフに視点が集中し，集団そのものを間違って理解してしまうことがあります。これを例8.1に示します。

　例 8.1　給与の平均値がどちらも30万円であるA社とB社があるとします。A社の社員の給与は総じて30万円前後が多いのに対し，B社はごく少数の社員のみ高いがそれ以外の社員は低く抑えられているとします。こ

8.3 誤解を与える統計グラフ　　97

の場合，平均値だけで実態を把握することは不可能です。

推測統計学の場合，一部のデータから集団を推測するため，見えない部分も
あります。そのため，標本から把握できるのは集団のある側面からみた内容ま
たは一部分にすぎないことに注意が必要です。

正しいデータを用いていたとしても，意図的に誤解を与えることを目的とし
た統計グラフも存在します。そのため，「見えるものが真実とは限らない」とい
う心構えも大切です。

8.3　誤解を与える統計グラフ

8.3.1　誤解を与える棒グラフ

読み手に誤解を与える統計グラフは「詐欺グラフ」とも呼ばれています。誤
解を与える統計グラフは古くから存在し，そのような手法をまとめた書籍とし
て，『統計でウソをつく法』[66] が知られています。

例えば，ある企業の売上高データ（**表 8.1**）を基にした 2 つの棒グラフを比
較してみましょう。**図 8.4** (a)(b) の 2 つのグラフは，どちらも表 8.1 を正しく
表現しています。しかし，2024 年の売上高は 2020 年の売上高の約 1.3 倍であ
るにもかかわらず，グラフ B は 5 倍近くあるように見えます。グラフ B をよく
見ると，縦軸が 60 から始まっており，かつ目盛間隔がグラフ A より大きな幅
になっています。こうした操作がなされてしまうと，小さな変化を大きな変化
が生じたかのように誤解させてしまい，状況を正しく理解しにくくなります。

表 8.1　ある企業の売上高データ

年　度	2020 年	2021 年	2022 年	2023 年	2024 年
売上高〔100 万円〕	64	70	74	79	85

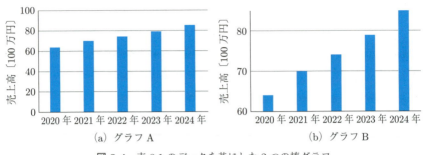

(a) グラフA (b) グラフB

図 **8.4** 表 8.1 のデータを基にした 2 つの棒グラフ

8.3.2 誤解を与える折れ線グラフ

少年の刑法犯数の推移[67]についての折れ線グラフ（図 **8.5**）から，少年の刑法犯は 1995 年に減少がみられるものの，増えつつあると読み取ることができます。「昔はよかった」との表現のように，世界が悪い方向に変化していると感じている人は少なくないでしょう。このような思い込みは「ネガティブ本能」と説明されています[68]。ネガティブ本能が発揮されると，図 8.5 のグラフは，思い込みを裏付ける証拠として作用します。

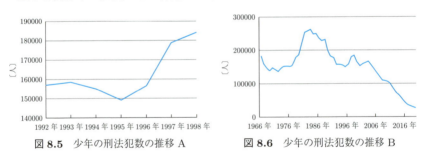

図 **8.5** 少年の刑法犯数の推移 A　　図 **8.6** 少年の刑法犯数の推移 B

しかし，少年の刑法犯数の推移を 1966 年から 2019 年までの折れ線グラフ（図 **8.6**）で表すと事実はまったく異なることがわかります。1983 年に検挙人員数が最も多くなり，その後は一時的に増えたこともありますが，減少傾向にあります。図 8.5 のように，例外部分だけに着目し全体像を誤認させる手法をフレーム・アップと呼びます。

8.3.3 誤解を与える円グラフ

1980 年と 2010 年の火力，水力，原子力，その他（地熱エネルギーなど）といった電源別年間発電量の割合を円グラフにしてみました（図 8.7，図 8.8）[69]。

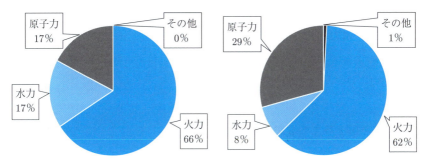

図 8.7　1980 年の電源別発電割合　　図 8.8　2010 年の電源別発電割合

電力量の割合としては，火力 4 ％減，水力 9 ％減，原子力 12 ％増と読み取ることができます。同じデータを基に棒グラフを作成すると，図 8.9 のようになります。電力量の割合ではなく，電力量そのものでの比較を行うと，2010 年の電力量は 1980 年の電力量の 2 倍以上であることがわかり，グラフから火力と原子力が増えていることが読み取れます。先の円グラフとは異なる読み取り方になります。

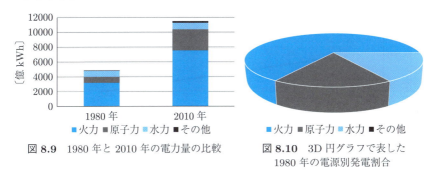

図 8.9　1980 年と 2010 年の電力量の比較　　図 8.10　3D 円グラフで表した 1980 年の電源別発電割合

円グラフは，全体量に対する割合を表現しています。そのため，円グラフ内での項目の比較には便利です。しかし，もともとの全体量が異なる場合，割合の減少と量の減少を取り違える可能性があります。データを可視化する際，グ

ラフのもつ特性を誤って利用してしまうと詐欺グラフやフレーム・アップのような誤解を，意図せずに読み手に与えてしまうことがあります。こうした点には十分な注意が必要です。

図 8.7 を図 8.10 のように 3D 円グラフで書き直してみます。すると，立体の遠近により，水力と同じ割合であった原子力の割合が，水力よりも大きく見えます。このように，3D 円グラフは読み手に誤解を与える可能性があるため避けたほうがよいとされます。

8.3.4 誤解を与える 2 軸グラフ

左側の縦軸と右側の縦軸の単位が異なるグラフを 2 軸グラフ（2 値グラフ）と呼びます。例えば，ある地域の気温と降水量の変化，ある会社の売上高と特定の商品の販売個数を同時に表したい場合などに用います。

この 2 軸グラフにも注意が必要です。図 8.11 は 2020 年から 2024 年までの A 社と B 社の売上高の推移を表した 2 軸グラフです。一見すると，A 社は年々売上高が伸びている一方，B 社は徐々に売上高が減っているようです。しかし，そもそも左側の縦軸と右側の縦軸の単位が大きく異なっています。このような場合は，単位をそろえるつまり条件をそろえて比較できるようにするか，数値が大きく異なることの注意書きが必要でしょう。事実を表していたとしても，

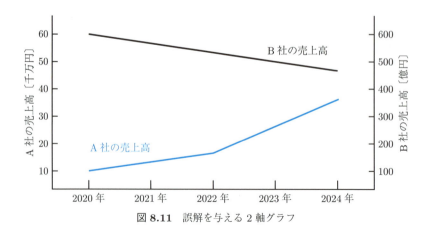

図 8.11　誤解を与える 2 軸グラフ

説明をあえて省くなどした場合，読み手に誤解を与える可能性が高まってしまいます。

章　末　問　題

【1】データサイエンスとはどのような内容であるかを答えてください。
【2】「AI 戦略 2019」において，明記されている「人間中心の原則」とはどのような内容であるかを答えてください。
【3】サイバー空間とはどのような意味をもつのか答えてください。また，サイバー空間の例をあげてください。
【4】ビッグデータとはどのような意味をもつのか答えてください。
【5】図 8.12 は，2023 年と 2024 年のあるデータを比較したものです。どのような問題があるのかを答えてください。

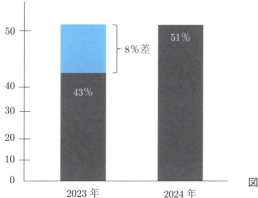

図 8.12

第9章

データの代表値，散らばり，関係性を記述する

データサイエンスとは，ある目的を達成するためにデータを収集・分析し，価値を見いだすアプローチです。データサイエンスにおけるデータ分析は統計学が担います。この章では，データの種類を確認するとともに統計学のうち記述統計学について基本的な内容を理解しましょう。

9.1　データの種類

データとは「事実を数値などで表したもの」であり，その数値をデータの値や単に値と呼びます。ただし，「データ」がデータの値を直接意味することもあります。データは性質によって質的データと量的データに分けられます。

質的データは，区分を数値化したデータであり，数量としての意味は重要視されません。この質的データは，性別，血液型といった区分を，例えば性別なら 1，2，0，ABO 式血液型なら 1，2，3，4 などの数値に置き換える名義尺度，「4. 優，3. 良，2. 可，1. 不可」といった順序自体がもつ意味を数値に置き換える順序尺度に分けられます。レースの着順や店の評価ランキングなども順序尺度で数値が意味をもちますが，名義尺度は数値自体に意味がありません。

量的データは，数値の順序や間隔が数量として意味をもつデータです。量的データは 0 の扱いによって，2 つに分けけられます。数値の目盛が等間隔（データの差に意味をもつ）になっている間隔尺度（距離尺度），数値の目盛が等間隔かつ比率に意味がある比例尺度（比率尺度，比尺度）です。

間隔尺度は西暦や摂氏温度のように，「2020 年と 2030 年」，「10°C の温度差

がある」のように順序と間隔に意味があります。しかし，「西暦 200 年は西暦 100 年の 2 倍である」との表現は意味がないため比例尺度ではありません。一方，質量の場合「20 kg は 10 kg の 2 倍である」と表現します。そのため重さや身長を表すデータは比例尺度になります。なお，熱エネルギーが存在しない状態を 0 K（ケルビン）とした絶対温度は比例尺度になります。

データは，データの性質以外にもいくつかの分け方があります。

アンケートやインタビューなどによって得られたデータを調査データと呼びます。また，日常生活や仕事，自然や文化といったありのままの状態を観察して得られるデータを観察データ，科学などの実験の結果として得られたデータを実験データと呼びます。観察データを調査データに含める場合もあります。

データ収集への関与によって分ける場合もあります。データを使う人，活用する人が，その目的のために集めたデータを 1 次データと呼びます。これに対しデータを使う人，活用する人が集めたのはなく，それらの人とは異なる人や組織が設定した目的のために集めたデータを 2 次データと呼びます。2 次データの代表例は官公庁などによる統計データや白書があげられます。さらに近年では，3 次データと呼ばれるデータも存在します。これは，1 次データや 2 次データを組み合わせ，新たな指標や高い利便性といった付加価値を提供するようなデータです。3 次データの代表例はオープンデータです。これは，官公庁の統計データや企業が匿名化したデータを誰でも利用できるように可視化されたデータです。オープンデータの利用により，これまでは全国や都道府県単位で把握することの多かった人口増減や産業構造などが市町村単位で把握できたり，予測値の利用により将来の地域社会を考えることに結び付きやすくなったりしています。オープンデータは，機械判読可能とすることがとりわけ大切です。

9.2　記述統計学とは

9.2.1　度数分布表

収集したデータのありようを分布と呼びます。平均や分散などを求めデータ

104　　　9. データの代表値，散らばり，関係性を記述する

の傾向や性質を把握するのが記述統計学です。平均は集団の中心的な傾向を把握するために用いられる値です。こうした値のことを代表値と呼びます。一方，分散はその集団の散らばり度合（ばらつき）を把握するために用いられる値です。こうした値のことを散布度と呼びます。代表値と散布度のようにデータ全体の性質をまとめた値を統計量と呼びます。統計量を把握することにより，異なる集団どうしの比較をすることも可能になります。

例 9.1　No.1 から No.40 の出席番号の生徒 40 名が在籍するクラスがあります。そのクラスの数学のテストの点数についてのデータ（**表 9.1**）を例に分布を考えてみましょう。

表 9.1　あるクラスの数学のテストの点数

No.	点数	No.	点数	No.	点数	No.	点数
1	58	11	38	21	58	31	54
2	48	12	68	22	46	32	77
3	69	13	70	23	78	33	76
4	75	14	66	24	56	34	76
5	34	15	52	25	64	35	58
6	66	16	28	26	29	36	62
7	18	17	62	27	73	37	54
8	88	18	55	28	39	38	88
9	46	19	37	29	86	39	48
10	65	20	68	30	49	40	78

　表 9.1 のデータを 0 点以上 10 点未満，10 点以上 20 点未満のように 10 区間に分け，各区間に属する生徒の人数を表したのが**表 9.2** です。この区間のことを階級，階級の真ん中の値（中央値）を階級値，区間の大きさを階級の幅，区間に属するデータ数のことを度数といいます。また，この表のことを度数分布表と呼びます。度数分布表を作成すると，「70 点台の生徒が 8 人いる」，「60 点台の生徒が最も多い」など分布の状態がわかりやすくなります。

表 9.2　度数分布表

階級〔点数〕	階級値	度数〔人〕
0 以上～10 未満	5	0
10～19	15	1
20～29	25	2
30～39	35	4
40～49	45	5
50～59	55	8
60～69	65	9
70～79	75	8
80～89	85	3
90～100	95	0

9.2.2　棒グラフとヒストグラム

度数分布表（表 9.2）を棒グラフ（図 9.1）とヒストグラム（図 9.2）にしてみます。

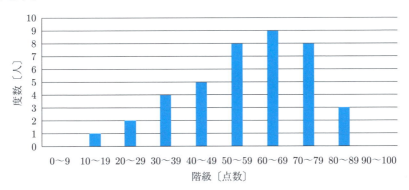

図 9.1　数学のテストの点数にかかわる棒グラフ

ヒストグラムは棒グラフの一種といえます。実際，図 9.1，図 9.2 では棒グラフもヒストグラムも階級を底辺，度数を高さとした長方形が用いられています。しかし，ヒストグラムの横軸は必ず階級を用いるのに対し，棒グラフの横軸は階級だけではなく度数でも構いません。なお，棒を横向きにし，度数を横

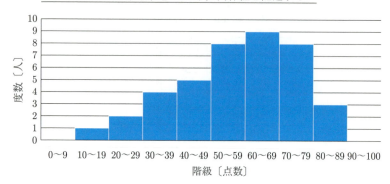

図 9.2　数学のテストの点数にかかわるヒストグラム

軸に階級を縦軸とする場合もあります．棒グラフは高さどうしを比較するのに適しています．ヒストグラムは，高さどうしの比較に加え集団における分布状況を把握するのに適しています．ヒストグラムは棒グラフと異なり，長方形と長方形の間に間隔がありません．これは，長方形の集まりが1つの集団であることを意味しているためです．ヒストグラムの階級の幅を1として計算した面積（図の濃い清色の部分）は度数の合計に一致します．

9.2.3　度数折れ線

ヒストグラムの階級値に対応する長方形の上の辺の中点を結んだグラフを度数折れ線（度数多角形）と呼びます（図 9.3）．この度数折れ線と横軸で囲まれ

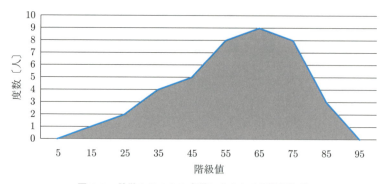

図 9.3　数学のテストの点数にかかわる度数折れ線

9.3 代表値と箱ひげ図　　*107*

た面積（図の灰色の部分）は，ヒストグラムと同じく度数の合計に一致します。

9.3 代表値と箱ひげ図

9.3.1 平　　均　　値

代表値としては，平均値，中央値，最頻値が用いられます。

平均値（アベレージ，average）には，算術平均（相加平均），幾何平均（相乗平均）などがあります。平均値として一般的に用いられるのは算術平均です。なお，平均と平均値は同じ意味ととらえて構いません。

n 個のデータ x_1, x_2, x_3, $\cdots$, x_n の平均値 $\bar{x}$ を求める計算式は，次のようになります。

$$\bar{x} = \frac{x_1 + x_2 + x_3 + \cdots + x_n}{n} \tag{9.1}$$

算術平均のデメリットとして第 8 章で取り上げた給与の例のように異常に大きい値が平均値に影響を与えることがあげられます。反対に異常に小さい値にも影響されます。これらの値を外れ値と呼びます。

例 9.2 表 **9.3** は，ある会社の 2021 年から 2024 年までの売上高についてまとめたものです。

表 9.3 ある会社の 2021 年から 2024 年までの売上高

年	2021	2022	2023	2024
売上高〔万円〕	100	125	175	350
伸び率〔%〕	—	125	140	200

伸び率は対前年比

伸び率の平均はどうなるでしょうか。小数点第一位を四捨五入し計算してみます。算術平均によって 2022 年から 2024 年の伸び率の 1 年あたりの平均値を求めると 155 % になります。この値による売上高は，2022 年 155 万円，2023 年約 240 万円，2024 年約 372 万円になってしまいます。

伸び率の平均を求める場合は，幾何平均（相乗平均）を用います。幾何平均

108   9. データの代表値，散らばり，関係性を記述する

は geometric mean から x_g と表します。n 個のデータ $x_1,\ x_2,\ x_3,\ \cdots,\ x_n$ の幾何平均による平均値 x_g は，次のように求めます。

$$x_g = (x_1 x_2 x_3 \cdots x_n)^{\frac{1}{n}}$$
$$= \sqrt[n]{x_1 x_2 x_3 \cdots x_n} \tag{9.2}$$

幾何平均により伸び率の平均値を求めると

$$x_g = (1.25 \cdot 1.40 \cdot 2.00)^{\frac{1}{3}}$$
$$= \sqrt[3]{1.25 \cdot 1.40 \cdot 2.00} \fallingdotseq 1.52 \tag{9.3}$$

となります。確かめてみましょう。2021 年の売上高に 152 ％を 3 回掛けると約 351 万円となります。算術平均とは異なりほぼ実際の値が求められました。実際の値 350 万円との差は四捨五入の影響です。なお，算術平均は負の値を扱うことができますが，幾何平均の場合は正の値に限られます。

9.3.2 中央値と最頻値

中央値（メディアン，median）はデータを昇順（小さい順），または降順（大きい順）に並べた際の真ん中の値を意味します。

データが $x_1,\ x_2,\ x_3,\ x_4,\ x_5$ と奇数個のときの中央値は x_3 です。一方，データが $x_1,\ x_2,\ x_3,\ x_4,\ x_5,\ x_6$ と偶数個のときは中央の 2 データの平均値 $\dfrac{x_3 + x_4}{2}$ が中央値になります。中央値は真ん中の値のみに注目するため，平均値と異なり外れ値の影響をほとんど受けません。

例 9.3　社員数が 5 名である A 社と B 社があるとします。給与支払いの実態は，A 社が 25 万円，25 万円，30 万円，33 万円，37 万円であり，B 社が 19 万円，21 万円，22 万円，23 万円，65 万円だったとします。平均値はどちらも 30 万円ですが，中央値は A 社が 30 万円，B 社が 22 万円です。A 社は平均値と中央値が一致しているのに対し，B 社は 8 万円の差があり

ます。真ん中の値である中央値が平均値と大きく異なるということは，外れ値が存在していることを意味します。

データのうち度数が最も大きい値を最頻値（モード，mode）と呼びます。最も頻繁に現れる値を意味します。例 9.3 の A 社における最頻値は 25 万円になります。一方，B 社における最頻値は，度数がすべて 1 であるためすべてのデータが最頻値になります。

中央値は外れ値の影響をほとんど受けません。最頻値は外れ値の影響をまったく受けません。最頻値が複数になる場合もあるためデータの傾向や性質を把握するには適さない場合もあります。

データの数が十分に大きく，かつ分布にゆがみ（ひずみ）がない場合，図 9.4 (b)のように分布は左右対称になります。一方，ゆがみ（ひずみ）がある場合には，平均値，中央値，最頻値には図 (a) や図 (c) のように違いが生じます。

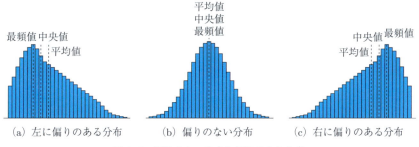

図 9.4 偏りのない分布と偏りのある分布

9.3.3 箱 ひ げ 図

分布を把握するために，棒グラフ，ヒストグラム，度数折れ線が用いられることを説明しました。これらのグラフは視覚的に把握しやすい一方，異なるデータどうしの比較には不向きです。こうした場合に用いられるのが箱ひげ図です。

図 9.5 に示す箱ひげ図は長方形の箱の上下（横にかかれた場合は左右）に，ひげが生えている形をしています。データを小さい順に並べ 4 等分した値を四

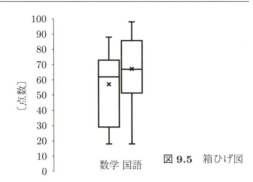

図 9.5 箱ひげ図

分位数と呼びます．小さい値からデータ総数の 25％を示す値を第 1 四分位数，50％を示す値を第 2 四分位数（中央値），75％にあたる値を第 3 四分位数と呼びます．箱ひげ図の中央の線は中央値を表し，箱の下底が第 1 四分位数，上底が第 3 四分位数を表します．平均値を記す場合は×などの記号で表します．また，箱の下底から下に伸びているひげの端が最小値，上底から上に伸びているひげの端が最大値を表します．

図 9.5 は，40 名の生徒がいるあるクラスの数学と国語のテストの点数を箱ひげ図で表したものです．数学は国語よりも第 1 四分位数と第 3 四分位数の差（四分位偏差）が大きくなっています．これは，数学が国語よりも点数の散らばりが大きいことを意味しています．また，国語の場合は平均値と中央値がほぼ一致していますが，数学の場合は一致していないことがわかります．

9.4 分散と標準偏差

箱ひげ図の説明の際，散らばりについて触れました．データの散らばりを数値化したものを分散と呼びます．分散が大きいほど散らばりが大きく，小さいほど散らばりが小さいことを意味します（図 9.6）．

分散を求めるためには，データと平均値の差である偏差を求め，求めた偏差を 2 乗します．この偏差の 2 乗の平均値が分散です．つまり，「散らばりが大きい」とは，平均値から離れた値をとるデータが多いことを意味します．逆に「散

9.4 分散と標準偏差

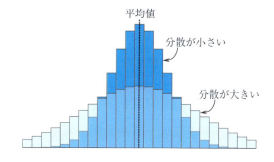

図 9.6 分散が大きい場合と小さい場合の対比

らばりが小さい」とは，平均値に近い値をとるデータが多いことを意味します。

例 9.4 例 9.3 に示した社員の給与が 25 万円，25 万円，30 万円，33 万円，37 万円である A 社を例に実際に計算してみましょう。A 社の給与の平均値は 30 万円でした。偏差と偏差の 2 乗の計算結果を**表 9.4** に示します。

表 9.4　A 社の社員給与における偏差と偏差の 2 乗

No.	データ〔万円〕	偏差〔万円〕	偏差の 2 乗
1	25	−5	25
2	25	−5	25
3	30	0	0
4	33	3	9
5	37	7	49
合計	150	0	108

偏差の 2 乗の合計 108 をデータ数 5 で割った 21.6 が求める分散の値です。同じように社員の給与が 19 万円，21 万円，22 万円，23 万円，65 万円である B 社の分散を求めると 308 と，より大きな値になります。

偏差の合計は必ず 0 になります。また，表 9.4 の場合，データと偏差は〔万円〕という単位をもたせることができますが，偏差の 2 乗の値については〔万円^2〕という考えが存在しないため単位をもちません。しかし，単位の 2 乗が意味をもつ場合，分散にも単位をもたせることがあります。例えば，長さです。データの単位が〔cm〕の場合，2 乗した値は面積になるた

112　　9.　データの代表値，散らばり，関係性を記述する

め〔cm²〕は意味をもちます。

　長さ以外では，分散の平方根を求め 2 乗する前のデータの単位で散らばりを表すことができます。この分散の平方根の値を標準偏差と呼びます。n 個のデータ $x_1, x_2, x_3, \cdots, x_n$ から分散 σ^2 と標準偏差 σ を求める計算式は，次のようになります。

$$
\text{分散}\qquad \sigma^2 = \frac{(x_1 - \bar{x})^2 + (x_2 - \bar{x})^2 + (x_3 - \bar{x})^2 + \cdots + (x_n - \bar{x})^2}{n}
$$

(9.4)

$$
\text{標準偏差}\qquad \sigma = \sqrt{\sigma^2}
$$

(9.5)

　給与の標準偏差を求めると A 社は約 4.6 万円，B 社は約 17 万円になります。B 社は A 社よりも給与の散らばりが大きいことがわかります。

9.5　2 変 量 の 関 係

9.5.1　相関関係と因果関係

　ここまでは，データの分布を把握することを目的に，グラフや代表値，分散と標準偏差を紹介しました。テストの点数，ある会社の給与といった 1 つの状態を表したデータ例を 1 変量データと呼びます。これに対し，身長と体重のような 2 つのデータの関係性を考察する場合は，2 変量データとして扱います。

　2 変量データを扱う場合，相関関係と因果関係についての理解が必要です。相関関係とは一方が変化するともう一方も変化するという関係を意味します。これに対し，因果関係は一方が原因でもう一方が結果となる関係を意味します。そのため，相関関係があるが因果関係はない場合もあります（図 9.7）。

　スーパーなどで一緒に購入される商品の組合せを分析するマーケットバスケット分析と呼ばれる分析方法があります。この分析方法によって「おむつを買う人はビールを買う傾向がある」ことがわかったとの紹介例が存在します。実際におむつを購入する人はビールも購入しているのであれば，相関関係があると

図 9.7 相関関係と因果関係

いえるでしょう。しかし，おむつを購入したことが原因でビールを購入する結果につながったとまではいえないため，因果関係があるとはいえません。

さて，この例の場合，おむつはかさ張るものなのでショッピングカートを利用する人が多いかもしれません。もしくは，1人ではなく2人で買い物にくる必要性が増すでしょう。ビールを多く買う場合もかさ張ります。そのため，ついでにビールも買うことが考えられます。このかさ張るというのがおむつとビールの購入に影響している可能性があります。このように，共通の影響を与える要因が存在することを交絡といいます。

データサイエンスの視点に立つと，2変量としてデータを集める場面は多くあります。相関関係がある2変量データの関係には，誰も気が付いていない因果関係が隠れている可能性もあります。こうした発見はデータマイニングにとりかかるきっかけともなり，データサイエンスの面白さでもあります。

9.5.2 クロス集計表と散布図

2変量の関係から相関関係や因果関係を見いだすことができます。そのため，2変量データの分析はとても重要です。ここでは変量データの分析手法を紹介していきます。

表 9.5 のような，16人（No.1 から No.16）の身長と体重の2変量データの関係を把握しやすくした表がクロス集計表です（表 9.6）。

さらに，図 9.8 のような散布図で表すこともあります。

9. データの代表値，散らばり，関係性を記述する

表 9.5 身長と体重のデータ

No.	身長〔cm〕	体重〔kg〕	No.	身長〔cm〕	体重〔kg〕
1	156	48	9	175	76
2	168	70	10	168	70
3	169	72	11	175	77
4	161	63	12	173	68
5	170	78	13	169	64
6	167	68	14	163	58
7	167	61	15	175	76
8	169	70	16	180	89

表 9.6 身長と体重のクロス集計表

		身長〔cm〕			
	以上～未満	150～160	160～170	170～180	180～190
体重〔kg〕	40～50	1	0	0	0
	50～60	0	1	0	0
	60～70	0	4	1	0
	70～80	0	4	4	0
	80～90	0	0	0	1

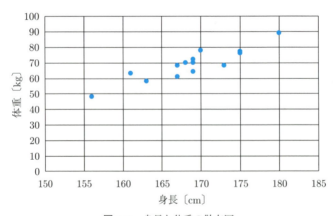

図 9.8 身長と体重の散布図

9.5.3 相 関 係 数

2変量のデータの関係を調べることにより，相関関係を数値化することが可

能になります。身長の高い人ほど体重が重い傾向があるような場合を，正の相関と呼びます（図9.8）。これは x の値が大きいほど y の値が大きい傾向があるような相関関係を示しています。逆に x の値が大きいほど y の値が小さい傾向があるような場合を負の相関と呼びます（図 **9.9**）。

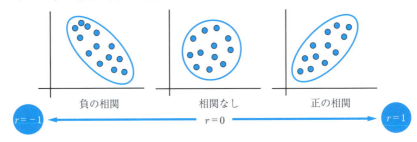

図 9.9 相関関係

この相関関係を -1 から 1 の数値で表した値を相関係数と呼び，計算によって求めます。なお，相関係数の記号は r で表されます。

n 個のデータ $x_1, x_2, \cdots, x_n$ があり，その平均を $\bar{x}$，標準偏差を σ_x とします。また，同じく n 個のデータ $y_1, y_2, \cdots, y_n$ があり，その平均を $\bar{y}$，標準偏差を σ_y とします。このときの相関係数 r は次の式となります。

$$r = \frac{\dfrac{(x_1-\bar{x})(y_1-\bar{y})+(x_2-\bar{x})(y_2-\bar{y})+\cdots+(x_n-\bar{x})(y_n-\bar{y})}{n}}{\sqrt{\dfrac{(x_1-\bar{x})^2+(x_2-\bar{x})^2+\cdots+(x_n-\bar{x})^2}{n}}\sqrt{\dfrac{(y_1-\bar{y})^2+(y_2-\bar{y})^2+\cdots+(y_n-\bar{y})^2}{n}}} \tag{9.6}$$

式 (9.6) の分子の部分を x と y の共分散と呼び，σ_{xy} と表します。共分散は x と y の偏差どうしの積の平均になっています。相関係数 r を求める式 (9.6) は，よく見ると共分散を $(x$ の標準偏差$)\times(y$ の標準偏差$)$ で割ったものになっています。したがって，相関係数 r は，標準偏差 σ_x，σ_y と共分散 σ_{xy} を用いると次のように表すことができます。

$$r = \frac{\sigma_{xy}}{\sigma_x \sigma_y} \tag{9.7}$$

表 9.6 の体重と身長の表から，相関係数を求めると 0.90 になります。そのため正の相関が強いといえます。

章末問題

【1】 表 9.7 に示す 4 つの尺度について，大小比較，差，比に意味があるか否かを○か×で答えてください。

表 9.7

尺度	例	大小比較	差	比
名義尺度	郵便番号			
順序尺度	順位			
間隔尺度	摂氏温度			
比例尺度	年齢			

【2】 ある大学で学生 15 人に動画サイトの視聴時間を調べたところ，次のような結果になりました。この結果をもとに箱ひげ図を図 9.10 に書き入れてください。

11 3 9 6 12 6 2 8 4 10 12 2 7 14 5

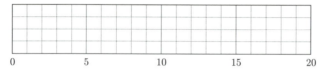

図 9.10

【3】 平均値よりも中央値が大きいとき，どのようなことが考えられるか答えてください。

【4】 国語と英語のテストの平均点がどちらも 80 点でした。標準偏差は国語が 7.3 点，英語が 2.4 点になりました。このことからわかることを答えてください。

テストの点数とデータの種類

9.1 節ではデータの種類を扱いました。テストの点数について本書では次のように考えています。テストの点数は配点によっては等間隔性が保たれなくなるため順序尺度です。しかし，小問がたくさんあり配点が細かく設定されていたり大問でも得点の与え方が小刻みになっていたりとばらつきが大きい場合，合計点数は間隔尺度に近づきます。そのため便宜的に，数学的な処理が容易な間隔尺度とみなして処理をするのが一般的です。

【5】 相関関係と因果関係の違いについて例をあげて答えてください。

第10章

データから全体を推測するⅠ－推定－

　記述統計学により，収集したデータから平均や分散などを求めそのデータの傾向や性質を把握できることがわかりました。では，収集しきれないほどのデータの集まりの傾向や性質を把握したい場合どうすればよいでしょうか。例えば，魚のアジの重さ[†]の平均値を知りたいとします。地球上にいるすべてのアジの重さを量ることはできません。こうした場合，一部のアジの重さを量りその平均値からすべてのアジの重さの平均値を推測します。このような推定を行う統計学を推測統計学と呼びます。推測統計学は何を知りたいかにより推定と検定に分かれます。この章では，まず推定の基本的内容を理解していきます。

10.1　推測統計学とは

　傾向や性質を把握したいデータの集まりを母集団，母集団から抽出した一部のデータを標本と呼びます。母集団の平均と分散を母平均，母分散と呼び，記号では母平均 μ，母分散 σ^2 と表します。

　標本から母集団の特徴や性質を推測する統計学を推測統計学と呼びます。推測統計学は母集団のすべてのデータを標本として扱うことが現実的でない場合に用いられるため，母平均と母分散は不明です。推測統計学は標本から母集団の傾向や性質を推測する統計学です（図**10.1**）。

[†]　「重さ」は物体に働く重力，「質量」は物質そのものの量を意味します。そのため，「重さの場合」は正しくは「質量の場合」となります。しかし，本書では日常生活での使われ方から質量ではなく重さと表現している場合があります。

10. データから全体を推測するⅠ −推定−

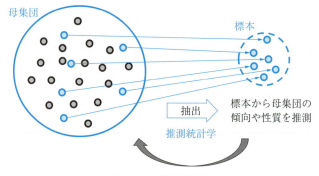

図 10.1 推測統計学

日本では，5年に一度，国勢調査が行われます。これは，国内に居住している人全員を母集団とする全数調査になります。また，模擬試験で全体での位置を知るための偏差値も受験者全員の結果から求められます。このように全体を分析対象とする場合は記述統計学が用いられます。推測統計学は，一部を対象としたアンケート調査，例えば，テレビ番組の視聴率や選挙の出口調査といった全体の傾向を把握したい場合に用いられます。

母平均に対して，$X_1, X_2, X_3, \cdots, X_N$ からなる n 個の標本の平均値を**標本平均** $\overline{X}$ と呼び，次の式より求められます。

$$\overline{X} = \frac{X_1 + X_2 + X_3 + \cdots + X_n}{n} \tag{10.1}$$

この $X_1, X_2, X_3, \cdots, X_n$ の各標本 X_i の値は確率によって変化します。このように確率によって変化する値を**確率変数**と呼びます。さて，n 個の標本の標本平均 $\overline{X}$ は，母集団から無作為に抽出されるため確率によって値が変わります。1回目の抽出による標本平均と2回目の抽出による標本平均は異なることが多いでしょう。そのため，標本平均 $\overline{X}$ も確率変数です。

ある番組の視聴率を知りたいため100人に調査したとします。どのような100人が選ばれたのかによって視聴率が異なるため，視聴率は確率変数といえます。

なお，標本の抽出にもいくつか方法があります。完全に無作為に抽出する単純無作為抽出がシンプルです。これに対し，母集団からあるグループを抽出し，

そのグループから無作為に抽出する多段抽出と呼ばれる方法があります。これは，47都道府県から無作為にいくつかの都道府県を選び，その中から無作為に人を選ぶような抽出方法です。また，母集団の割合を反映させる抽出方法を層別抽出と呼びます。例えば，男女の比率が4:6である大学において，100人を抽出する際に，男子を40人，女子を60人無作為に抽出するといった方法です。

10.2 正規分布と標準正規分布

10.2.1 正規分布

10.1節で記した「確率によって変化する値」という説明はわかりにくいかもしれません。次の例10.1により具体的に説明してみます。

例 10.1 1枚のコインを投げたとき，表が出る確率と裏が出る確率は$\frac{1}{2}$，つまり0.5です。ここで，表を「1」，裏を「0」という値で表すと，1が出る確率が$\frac{1}{2}$，0が出る確率が$\frac{1}{2}$となります。このように，0になるか1になるかが確率によって定まります。

出る値をXとすると，Xは確率変数となり，0, 1は確率変数がとる値にな

表 10.1 1枚のコインを投げたときの表が出る枚数の確率分布表

X	確率
0	0.5
1	0.5
計	1

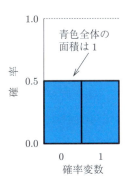

図 10.2 1枚のコインを投げたときの表が出る枚数の確率分布

ります．確率変数の値とその確率の関係を確率分布（分布）といいます．この関係を表で表したものを確率分布表（表10.1）といい，図示する際はヒストグラム（図10.2）などが用いられます．この表 10.1 は表が出る枚数の確率分布表を意味しています．

さらに，2 枚のコインを同時に投げたとき，表と裏の出方は（裏, 裏），（裏, 表），（表, 裏），（表, 表）の 4 通りとなります．表を「1」，裏を「0」という値で表すと確率変数 X は表が何枚出るのかを意味します．このとき，確率分布表（表10.2）をヒストグラムで表すと図10.3 のようになります．

表 10.2　2枚のコインを同時に投げたときの表が出る枚数の確率分布表

X	確　率
0	0.25
1	0.50
2	0.25
計	1

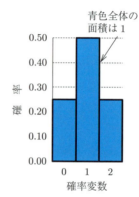

図 10.3　2枚のコインを同時に投げたときの表が出る枚数の確率分布

コインの表と裏やサイコロの目のようにとびとびの値をとる変数を離散型確率変数と呼びます．これに対し，身長や体重，温度といった小数の値をとる変数を連続型確率変数と呼びます．

1 枚のコインを 10 回投げたとします．表が出る枚数は確率変数（正確には離散型確率変数ですが，単に確率変数と呼ぶこともあります）であり，0 から 10 の値をとります．このときの確率分布は図10.4 のようになります．

投げる枚数を増やし，1 枚のコインを 100 回投げたとします．表が出る枚数は 0 から 100 の値をとります．100 回投げて表が 0 枚，100 枚出る確率は限りなく 0 に近くなることが想像できると思います．確率が最も大きくなるのは表

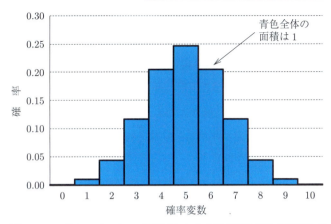

図 10.4 1 枚のコインを 10 回投げたときの表が出る枚数の確率分布

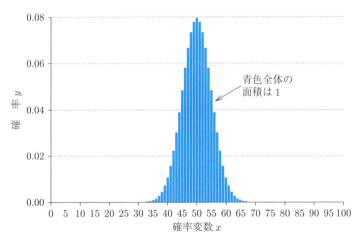

図 10.5 1 枚のコインを 100 回投げたときの表が出る枚数の確率分布

が 50 枚つまり 50 回のときになります（図 **10.5**）．投げる回数をどんどん増やしていくと，確率分布は図 10.5 のようなヒストグラムから左右対称に広がる山形の滑らかな曲線になっていきます．

　このような確率分布の形状は，横軸を確率変数 x，縦軸を確率 y の関数として表すことができます．この関数を $y = f(x)$ としたとき，$f(x)$ を確率密度関数と呼びます．この確率密度関数と横軸に囲まれる面積が確率となります．そ

のため，確率変数の最小値から最大値までの総面積は1になります。

図10.5の100回をさらに増やし，無限回行ったときに得られる分布は曲線で表されます。このような分布を正規分布と呼びます。正規分布とは平均値・最頻値・中央値が一致し左右対称に広がる山型の滑らかな曲線で表される確率分布です。

連続型確率変数の場合，母集団がどのような分布であっても標本平均 $\overline{X}$ の値は n の値が十分大きいとき，平均 μ，分散 $\dfrac{\sigma^2}{n}$ の正規分布に近くなっていきます（図10.6）。このような性質を中心極限定理と呼びます（正確には数多くの試行を繰り返すことにより，結果が理論値に近づくという大数の法則の理解も必要になります）。

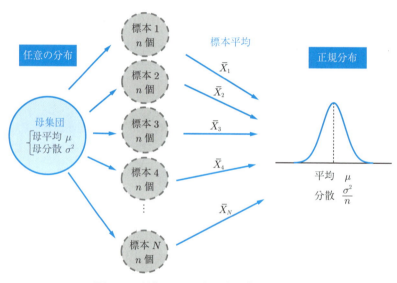

図 10.6　母集団から正規分布を導くイメージ

なお，平均 μ，分散 σ^2 である正規分布の確率密度関数 $f(x)$ は，次の式で表されます。

$$f(x) = \frac{1}{\sqrt{2\pi}\sigma} e^{-\frac{(x-\mu)^2}{2\sigma^2}} \tag{10.2}$$

式中の e はネイピア数という無理数であり 2.72 で近似されます。

さて，平均 μ，分散 σ^2 の正規分布には**図 10.7** に示す性質があります。-1σ から 1σ の間に母集団の約 68.3％のデータが含まれます。同様に，-2σ から 2σ の間に約 95.4％，-3σ から 3σ の間に約 99.7％のデータが含まれます。

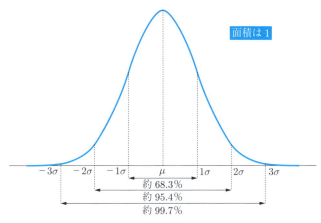

図 **10.7** 正規分布の性質

10.2.2 標準正規分布と Z 得点

あるクラスの数学と国語のテストの結果は**表 10.3** のとおりでした。この 2 つのテストはそれぞれたがいに影響を与えず（このような関係を独立といいます），平均 μ，分散 σ^2（標準偏差 σ）である正規分布に従うと仮定します。

表 **10.3** あるクラスの数学と国語のテストの結果

	数学	国語
平均値 μ	60	40
標準偏差 σ	15	20

このテストで，A さんは数学が 80 点，国語が 70 点でした。順位がより高いのはどちらの教科でしょうか。点数は数学のほうが高いのですが，数学と国語の平均値が異なるため，すぐに結論を出しにくいでしょう。

このような比較をする場合，標準化と呼ばれる変換によって平均が 0，分散が 1^2，つまり 1 である正規分布に変換することができます。この正規分布は標準正規分布と呼ばれ，元の正規分布との関係は次の式で表されます。

$$Z = \frac{X - \mu}{\sigma} \tag{10.3}$$

ここで，X はテストの点数，Z は X に対応する標準化されたデータを意味し Z 値（Z 得点）と呼びます。A さんの数学と国語の点数の Z 値をそれぞれ求めてみましょう。これを図 **10.8** に示します。

$$\text{数学}: Z = \frac{X - \mu}{\sigma} = \frac{80 - 60}{15} \fallingdotseq 1.3 \tag{10.4}$$

$$\text{国語}: Z = \frac{X - \mu}{\sigma} = \frac{70 - 40}{20} = 1.5 \tag{10.5}$$

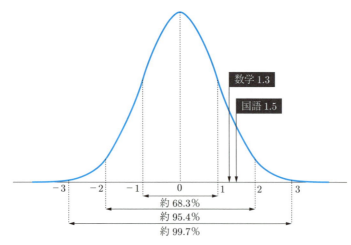

図 **10.8** 標準正規分布

よって，国語のほうが数学よりも順位が高いということができます。このように，標準正規分布を用いると，平均と分散が異なる正規分布どうしの比較を行うことができます。なお，正規分布と同様に，確率密度関数（図 10.8 の青線）と横軸に囲まれる面積は 1 であり，この面積は確率を示しています。

さて，Z 値には正規分布と少し形の違う分布を正規分布として取り扱うようにできるという性質もあります。受験のための模擬試験などでよく使われる偏差値もこの性質を使い，平均を 50 点，標準偏差を 10 点に変換して表しています。

$$(偏差値) = Z \times 10 + 50 \tag{10.6}$$

例えば，式 (10.4) の数学の Z 値 を偏差値で表すと 63 になります。

10.2.3　標準正規分布表

標準正規分布表は，標準正規分布においてある Z 値 の範囲に対応する確率をまとめた表です。単に正規分布表とも呼ばれます。標準正規分布表には Z 値の範囲を示す図 10.9 のようなグラフが併記されています。表 10.4 はこの図の青色の部分の面積，つまり 0 から Z までの面積，つまり確率を示しています。

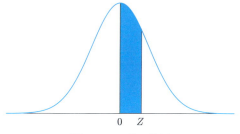

図 10.9　Z 値の範囲

例えば，$0.00 \leqq Z \leqq 1.00$ となる確率は 0.341345 になります。これは図 10.8 で Z が −1 から +1 までの面積割合として書いてある値の $\frac{1}{2}$ の近似値です。また，$0 \leqq Z \leqq 1.53$ となる確率は 0.436992 と読みとることができます。さらに，$0 \leqq Z \leqq 3.09$ の確率は 0.49899 ですので，Z が 3.09 を超える確率は 0.5 − 0.49899 となり，わずか 0.10％ほどであることがわかります。一方，$Z \leqq 0$ となる確率は，この表には載っていない負の値の部分（図 10.9 の左半分）の面積となり，値は 0.5 です。

なお，「以上」，「以下」ではなく，「より小」，「より大」の場合も同じ値です。標準正規分布表には，Z 値 の範囲を示す面積の値として，図 10.10 のグラフ

表 10.4 標準正規分布表（一部）

Z	0.00	0.01	0.02	0.03	0.04	0.05	0.06	0.07	0.08	0.09
0.0	0.000000	0.003989	0.007978	0.011966	0.015953	0.019939	0.023922	0.027903	0.031881	0.035856
0.1	0.039828	0.043795	0.047758	0.051717	0.055670	0.059618	0.063559	0.067495	0.071424	0.075345
⋮	⋮	⋮	⋮	⋮	⋮	⋮	⋮	⋮	⋮	⋮
1.0	0.341345	0.343752	0.346136	0.348495	0.350830	0.353141	0.355428	0.357690	0.359929	0.362143
1.1	0.364334	0.366500	0.368643	0.370762	0.372857	0.374928	0.376976	0.379000	0.381000	0.382977
1.2	0.384930	0.386861	0.388768	0.390651	0.392512	0.394350	0.396165	0.397958	0.399727	0.401475
1.3	0.403200	0.404902	0.406582	0.408241	0.409877	0.411492	0.413085	0.414657	0.416207	0.417736
1.4	0.419243	0.420730	0.422196	0.423641	0.425066	0.426471	0.427855	0.429219	0.430563	0.431888
1.5	0.433193	0.434478	0.435745	0.436992	0.438220	0.439429	0.440620	0.441792	0.442947	0.444083
1.6	0.445201	0.446301	0.447384	0.448449	0.449497	0.450529	0.451543	0.452540	0.453521	0.454486
1.7	0.455435	0.456367	0.457284	0.458185	0.459070	0.459941	0.460796	0.461636	0.462462	0.463273
1.8	0.464070	0.464852	0.465620	0.466375	0.467116	0.467843	0.468557	0.469258	0.469946	0.470621
1.9	0.471283	0.471933	0.472571	0.473197	0.473810	0.474412	0.475002	0.475581	0.476148	0.476705
⋮	⋮	⋮	⋮	⋮	⋮	⋮	⋮	⋮	⋮	⋮
2.9	0.498134	0.498193	0.498250	0.498305	0.498359	0.498411	0.498462	0.498511	0.498559	0.498605
3.0	0.498650	0.498694	0.498736	0.498777	0.498817	0.498856	0.498893	0.498930	0.498965	0.498999

＊標準正規分布表は本来 Z の値は無限大（∞）です。しかし，3.09 までしか示していないため（一部）と表記しています。なお，この表では 0.20 から 0.99，2.00 から 2.89 の Z 値を省略しています。

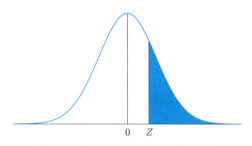

図 10.10 上側確率を示す Z 値の範囲

の青色部分が使われるものも多くあります。この場合，より正確に表現すると「標準正規分布の上側確率の表」です。$1.53 \leqq Z$ となる確率は 1 から $Z \leqq 1.53$ の確率を引くことで求められます。

したがって，標準正規分布表を使う際には表に付随しているグラフをみて，Z 値の範囲設定を確認することが必要です。本書では，これ以降，推定や検定を簡便に説明するため，Z 値の範囲が図 10.10 のように表される「標準正規分布の上側確率の表」（表 10.6）を標準正規分布表として用います。

10.3 推　　　　定

10.3.1 推定と検定

推測統計学は，知りたい目的により統計的推定（推定）と統計的検定（検定）に分かれます。

推定は，母平均などを標本から推測することを目的としています。例えば，前述の視聴率調査の結果ある番組の視聴率が10％であったとします。この場合の全世帯の視聴率を統計学的に推測します。

これに対し，検定では最初に母集団に関する仮説を立てます。得られた標本から，仮説の妥当性を検証します。つまり，仮説が妥当か否かを統計学的に判断します。例えば，「ある番組の視聴率が10％以上ある」という仮説を立てます。実際に100人に対し視聴率調査を行ったところ視聴率は12％でした。このように観測された結果から，立てた仮説が妥当であったのかどうかを統計学的に判断するのです。

10.3.2 点　推　定

統計的推定は，点推定と区間推定に分かれます。点推定は，平均値などを1つの値で推定することです。例えば，魚のアジ（図10.11）の重さの平均値を知りたい場合，地球上のすべてのアジが母集団となり，その平均値が母平均になります。

すべてのアジの重さを量ることは不可能ですので，推定するしかありません。そこで，標本データとしてアジを5匹用意し重さを量ったところ，次のデータが得られました。

図 10.11　ア　　　ジ

280.0 g　310.0 g　300.0 g　290.0 g　320.0 g

標本平均は300.0 gと求められます。そこで，母平均を300.0 gと推定することにします（表10.5）。このような方法を点推定と呼びます。

表 10.5 すべてのアジ（母集団）と 5 匹のアジ（標本）の関係

母集団	すべてのアジ	母平均 μ	すべてのアジの平均値
標本	5 匹のアジ	標本平均 $\overline{X}$	300.0 g

10.3.3 区 間 推 定

点推定によりアジの平均値を求めました。しかし，正確とはいえません。そこで，「標本平均は母平均と差異が生じるが，確率的にこのくらいの区間（幅）に母平均があるであろう」と推定することを考えます。この方法を区間推定と呼びます。ただし，区間推定が使えるのは，母集団が正規分布に従っていると仮定できる場合に限ります。点推定と区間推定の違いを図 10.12 に示します。

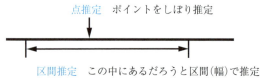

図 10.12 点推定と区間推定の違い

区間推定の場合，「100％の確率でこの区間に母平均がある」とすることは不可能です。そのため，一般的に 90％や 95％の確率を設定し推定します。

「90％の確率でこの区間に母平均があるであろう」とは，「総じて，母平均は 10 回に 9 回はこの区間にあるが，10 回に 1 回はこの区間にないであろう」と同じ意味です。同様に，「95％の確率でこの区間に母平均があるであろう」とは，「総じて，母平均は 20 回に 19 回はこの区間にあるが，20 回に 1 回はこの区間にないであろう」と同じ意味です。

点推定では，アジの重さの母平均を 300.0 g と推定しました。これに対し，区間推定では，母平均が 300.0 g± 何 g の区間にありそうなのかを推定します。この区間を信頼区間と呼びます。

                                                    10.3 推   定   *129*

10.3.4　母分散がわかっている場合の区間推定

　区間推定は，母集団の従う分布が正規分布であると仮定できるとき，標本平均を使って母平均を推定する方法です。

　その方法には，母分散がわかっている場合（母分散既知）と，母分散がわからない場合（母分散未知）の2通りがあります。母平均を知りたいのに母分散がわかっているという前提はありえませんが，母分散既知の区間推定を理解しておくと，母分散未知の区間推定を理解しやすくなるため，避けて通れません。

　ここから母分散既知の区間推定の方法を説明します。母分散がわかっているときは，母分散 σ^2 の値を使い，標準正規分布を用いて区間推定を行います。

　図 10.6 において，平均 μ，分散 σ^2 である母集団から n 個の標本を抽出するとき，標本平均 $\overline{X}$ の分布は n が大きくなるにつれて，平均 μ，分散 $\dfrac{\sigma^2}{n}$ の正規分布に近づくことを説明しました。この性質を中心極限定理と呼びました。母平均の信頼区間の推定にも，この中心極限定理を利用します。

　例題 10.1　アジの重さの母平均 μ の 95％信頼区間を求めてください。標本の 5 匹のアジでは，標本平均 $\overline{X} = 300.0\,\mathrm{g}$ となりました。母分散は $\sigma^2 = 435$ であることがわかっており，アジの重さは正規分布とみなしてよいものとします。

【解答】　中心極限定理により，標本平均の分布は n が大きくなるにつれて平均 μ，分散 $\dfrac{\sigma^2}{n}$ の正規分布に近づくので，標準化により平均 0，分散 1^2 の標準正規分布を利用できるようにします。正規分布も標準正規分布も確率密度関数と横軸に囲まれる面積は 1 であり，この面積は確率を示しています。

　例題の信頼区間が 95％とは，標準化した値（Z 値）が標準正規分布の 95％の面積の範囲にあればよいことになります。逆に言えば，両端 2.5％の面積部分の範囲に入らなければよいことになります（**図 10.13**）。

　次に，標準正規分布表（標準正規分布の上側確率，**表 10.6**）から確率が 2.5％になるときの確率変数の値（2.5％点）を調べます。縦軸・横軸から探すのではなく，表内の値から探し出します。2.5％は 0.025 です。0.025 に最も近い値を示す縦軸は 1.9，横軸は 0.06 であることから 2.5％点の値は 1.96 となります。両端の

10. データから全体を推測するI -推定-

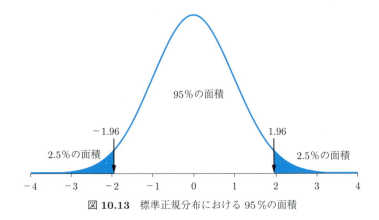

図 10.13 標準正規分布における 95％の面積

表 10.6 標準正規分布表（標準正規分布の上側確率の表）（一部）

Z	0.00	0.01	0.02	0.03	0.04	0.05	0.06	0.07	0.08	0.09
0.0	0.500000	0.496011	0.492022	0.488033	0.484047	0.480061	0.476078	0.472097	0.468119	0.464144
0.1	0.460172	0.456205	0.452242	0.448283	0.444330	0.440382	0.436441	0.432505	0.428576	0.424655
0.2	0.420740	0.416834	0.412936	0.409046	0.405165	0.401294	0.397432	0.393580	0.389739	0.385908
0.3	0.382089	0.378281	0.374484	0.370700	0.366928	0.363169	0.359424	0.355691	0.351973	0.348268
0.4	0.344578	0.340903	0.337243	0.333598	0.329969	0.326355	0.322758	0.319178	0.315614	0.312067
0.5	0.308538	0.305026	0.301532	0.298056	0.294598	0.291160	0.287740	0.284339	0.280957	0.277595
0.6	0.274253	0.270931	0.267629	0.264347	0.261086	0.257846	0.254627	0.251429	0.248252	0.245097
0.7	0.241964	0.238852	0.235762	0.232695	0.229650	0.226627	0.223627	0.220650	0.217695	0.214764
0.8	0.211855	0.208970	0.206108	0.203269	0.200454	0.197662	0.194894	0.192150	0.189430	0.186733
0.9	0.184060	0.181411	0.178786	0.176186	0.173609	0.171056	0.168528	0.166023	0.163543	0.161087
1.0	0.158655	0.156248	0.153864	0.151505	0.149170	0.146859	0.144572	0.142310	0.140071	0.137857
1.1	0.135666	0.133500	0.131357	0.129238	0.127143	0.125072	0.123024	0.121001	0.119000	0.117023
1.2	0.115070	0.113140	0.111233	0.109349	0.107488	0.105650	0.103835	0.102042	0.100273	0.098525
1.3	0.096801	0.095098	0.093418	0.091759	0.090123	0.088508	0.086915	0.085344	0.083793	0.082264
1.4	0.080757	0.079270	0.077804	0.076359	0.074934	0.073529	0.072145	0.070781	0.069437	0.068112
1.5	0.066807	0.065522	0.064256	0.063008	0.061780	0.060571	0.059380	0.058208	0.057053	0.055917
1.6	0.054799	0.053699	0.052616	0.051551	0.050503	0.049471	0.048457	0.047460	0.046479	0.045514
1.7	0.044565	0.043633	0.042716	0.041815	0.040929	0.040059	0.039204	0.038364	0.037538	0.036727
1.8	0.035930	0.035148	0.034379	0.033625	0.032884	0.032157	0.031443	0.030742	0.030054	0.029379
1.9	0.028716	0.028067	0.027429	0.026803	0.026190	0.025588	0.024998	0.024419	0.023852	0.023295
2.0	0.022750	0.022216	0.021692	0.021178	0.020675	0.020182	0.019699	0.019226	0.018763	0.018309
2.1	0.017864	0.017429	0.017003	0.016586	0.016177	0.015778	0.015386	0.015003	0.014629	0.014262
2.2	0.013903	0.013553	0.013209	0.012874	0.012545	0.012224	0.011911	0.011604	0.011304	0.011011
2.3	0.010724	0.010444	0.010170	0.009903	0.009642	0.009387	0.009137	0.008894	0.008656	0.008424
2.4	0.008198	0.007976	0.007760	0.007549	0.007344	0.007143	0.006947	0.006756	0.006569	0.006387
2.5	0.006210	0.006037	0.005868	0.005703	0.005543	0.005386	0.005234	0.005085	0.004940	0.004799
2.6	0.004661	0.004527	0.004397	0.004269	0.004145	0.004025	0.003907	0.003793	0.003681	0.003573
2.7	0.003467	0.003364	0.003264	0.003167	0.003072	0.002980	0.002890	0.002803	0.002718	0.002635
2.8	0.002555	0.002477	0.002401	0.002327	0.002256	0.002186	0.002118	0.002052	0.001988	0.001926
2.9	0.001866	0.001807	0.001750	0.001695	0.001641	0.001589	0.001538	0.001489	0.001441	0.001395
3.0	0.001350	0.001306	0.001264	0.001223	0.001183	0.001144	0.001107	0.001070	0.001035	0.001001

各 2.5％点の場合，正のほうを上側 2.5％点，負のほうを下側 2.5％点と呼びます。このことから例題において，標準化した Z 値が $-1.96 \leq Z \leq 1.96$ の区間にあればよいことがわかります。

$$-1.96 \leq Z \leq 1.96 \tag{10.7}$$

Z 値を入れると次式となります。

$$-1.96 \leq \frac{\overline{X} - \mu}{\sqrt{\dfrac{\sigma^2}{n}}} \leq 1.96 \tag{10.8}$$

それぞれに $\sqrt{\dfrac{\sigma^2}{n}}$ を掛けると

$$-1.96 \times \sqrt{\frac{\sigma^2}{n}} \leq \overline{X} - \mu \leq 1.96 \times \sqrt{\frac{\sigma^2}{n}} \tag{10.9}$$

になります。μ について変形すると

$$\overline{X} - 1.96 \times \sqrt{\frac{\sigma^2}{n}} \leq \mu \leq \overline{X} + 1.96 \times \sqrt{\frac{\sigma^2}{n}} \tag{10.10}$$

になりますので，必要な値を代入すると

$$300 - 1.96 \times \sqrt{\frac{435}{5}} \leq \mu \leq 300 + 1.96 \times \sqrt{\frac{435}{5}} \tag{10.11}$$

$$281.71 \leq \mu \leq 318.28 \tag{10.12}$$

つまり，アジの重さの母平均 μ は 95％の確率で，281.7 g から 318.3 g の間にあることが推定されます。なお，ここでは小数点第二位を四捨五入しているのではなく，下限の数値の端数は切り下げ，上限の数値の端数は切り上げを行っています。そのため，信頼区間は 281.7 g から 318.3 g になります。これは区間が狭くなりすぎないようにするためです。本書ではこのような端数処理を行います。　　　　　　　　　　　　　　　　　　　　　　　　　　　　　　　　◇

さて，図 10.9 のように Z 値の範囲を表す標準正規分布表（表 10.4）と，表 10.6 の標準正規分布表を見比べると，$Z = 0.00$ の確率の値が異なっています。これは，図 10.9 と図 10.10 の確率を示す Z 値の範囲の表し方が異なるからです。

10.3.5 母分散がわかっていない場合の区間推定

次に，母分散がわかっていない区間推定（母分散未知）について説明します。母分散未知であるため，母分散 σ^2 の代わりに標本の分散（標本分散 s^2）を使うことが考えられます。しかし，母集団から標本を抽出する際，標本は母集団よりもばらつきが小さくなります。つまり，平均に近い値から抽出される偏りが生じてしまいます。そこで，この偏りを補正する不偏分散 u^2 を用いて求めます。

$$s^2 = \frac{(X_1-\overline{X})^2+(X_2-\overline{X})^2+(X_3-\overline{X})^2+\cdots+(X_n-\overline{X})^2}{n}$$
(10.13)

$$u^2 = \frac{n}{n-1}s^2$$
$$= \frac{(X_1-\overline{X})^2+(X_2-\overline{X})^2+(X_3-\overline{X})^2+\cdots+(X_n-\overline{X})^2}{n-1}$$
(10.14)

さて，もともと分散は偏差を2乗し，その和をデータの数で除した値でした。標本分散 s^2 では，平均として標本平均を用いています。偏差の総和は0であることから，$(n-1)$ 個の偏差の値が決まると，残り1つの偏差は強制的に決まっ

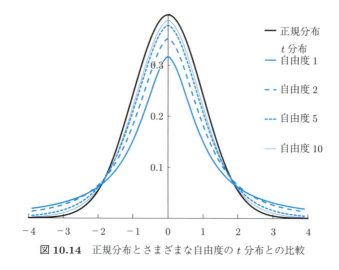

図 **10.14** 正規分布とさまざまな自由度の t 分布との比較

10.3 推定 **133**

てしまいます。このような場合，自由に決められる値の数を自由度と呼びます。つまり，不偏分散 u^2 は偏差の 2 乗の和を自由度の $(n-1)$ で除した値となります。

また，母分散未知であるため，母分散 σ^2 ではなく不偏分散 u^2 により区間推定を行う場合，標準正規分布ではなく t 分布を利用します。t 分布は，**図 10.14** に示すように標準正規分布によく似ていますが，自由度によって分布の形が異なります。自由度が小さくなる，つまりデータの個数が少なくなるほど，山の頂上が低くなり裾広がりになります。逆に自由度が大きくなると標準正規分布に近づきます。

例題 10.2 アジの重さの母平均 μ の 95 ％信頼区間を求めてください。標本として 5 匹のアジ（280.0 g 310.0 g 300.0 g 290.0 g 320.0 g）を用意しました（平均値は 300.0 g）。母分散は不明であり，アジの重さは正規分布に従うものとします。

【解答】 標本数が 5 ですので，自由度は 4 となります。母分散が未知ですので，自由度 4 の不偏分散を求めます。

$$u^2$$
$$=\frac{(280-300)^2+(310-300)^2+(300-300)^2+(300-290)^2+(320-300)^2}{5-1}$$
$$=250$$

例題 10.2 の場合，標準化した値が両端のそれぞれ 2.5 ％の面積を示す 2.5 ％点は t 分布表（**表 10.7**）から 2.776 であることがわかります。なお，本書では t 分布表として，図 10.10 の Z 値と同様の上側確率の表を採用しています。また，正規分布の Z 値に相当する値を t 分布では t 値（t 得点）と呼び，求める信頼区間は次のようになります。

$$-2.776 \leqq t \leqq 2.776 \tag{10.15}$$

$$-2.776 \leqq \frac{\overline{X}-\mu}{\sqrt{\dfrac{u^2}{n}}} \leqq 2.776 \tag{10.16}$$

134　　　10. データから全体を推測する I −推定−

表 10.7 t 分布表（一部）

		上側確率				
		0.100	0.050	0.025	0.01	0.005
	1	3.078	6.314	12.706	31.821	63.657
	2	1.886	2.920	4.303	6.965	9.925
	3	1.638	2.353	3.182	4.541	5.841
	4	1.533	2.132	2.776	3.747	4.604
	5	1.476	2.015	2.571	3.365	4.032
	6	1.440	1.943	2.447	3.143	3.707
	7	1.415	1.895	2.365	2.998	3.499
	8	1.397	1.860	2.306	2.896	3.355
	9	1.383	1.833	2.262	2.821	3.250
自由度	10	1.372	1.812	2.228	2.764	3.169
	11	1.363	1.796	2.201	2.718	3.106
	12	1.356	1.782	2.179	2.681	3.055
	13	1.350	1.771	2.160	2.650	3.012
	14	1.345	1.761	2.145	2.624	2.977
	15	1.341	1.753	2.131	2.602	2.947
	16	1.337	1.746	2.120	2.583	2.921
	17	1.333	1.740	2.110	2.567	2.898
	18	1.330	1.734	2.101	2.552	2.878
	19	1.328	1.729	2.093	2.539	2.861
	20	1.325	1.725	2.086	2.528	2.845

それぞれに $\sqrt{\dfrac{u^2}{n}}$ を掛けると

$$-2.776 \times \sqrt{\frac{u^2}{n}} \leqq \overline{X} - \mu \leqq 2.776 \times \sqrt{\frac{u^2}{n}} \tag{10.17}$$

になります。μ について変形すると

$$\overline{X} - 2.776 \times \sqrt{\frac{u^2}{n}} \leqq \mu \leqq \overline{X} + 2.776 \times \sqrt{\frac{u^2}{n}} \tag{10.18}$$

必要な値を代入すると

$$300 - 2.776 \times \sqrt{\frac{250}{5}} \leqq \mu \leqq 300 + 2.776 \times \sqrt{\frac{250}{5}} \tag{10.19}$$

よって答えは，下限と上限の小数点第二位をそれぞれ切り下げ，切り上げして

10.3 推定 135

$$280.37 \leqq \mu \leqq 319.\overset{7}{6}2$$

$$280.3 \leqq \mu \leqq 319.7 \tag{10.20}$$

つまり、アジの重さの母平均 μ は 95％の確率で、280.3 g から 319.7 g の間にあることが推定されます。なお、小数点第二位を四捨五入することにより求めた場合は 280.4 g から 319.6 g の間になります。いずれにせよ、母分散既知の場合に比べ、情報が少ない（母分散未知）ため信頼区間が広くなっています。　　　　◇

10.3.6 有 効 数 字

ここまでの説明において切り上げ・切り下げ、四捨五入について言及しました。関連して有効数字について説明を加えます。有効数字とは、最上位の桁からいくつまでの数字を有効と見なすかを意味します。

例えば、123 と 12.3 はどちらも有効数字 3 桁です。0.12 や 0.00123 のような場合、小数点以下で最初に 0 ではない数字が出る桁から数えます。つまり、0.12 は有効数字が 2 桁、0.00123 は有効数字が 3 桁になります。また、0.120 と記されていれば、小数点第三位も有効になるため有効数字は 3 桁です。

具体例をあげてみます。父親とその娘さんに体重を尋ねたとします。父親が 71 kg くらいと答えたのに対し娘さんが 12.15 kg と答えた場合、2 人あわせて 83.15 kg になります。この値は、娘さんが正確に答えてくれたのに父親がおおよそとして答えたため正確さが欠けてしまいます。このような場合、次の 2 つの考え方のどちらかを採用します。父親の体重を小数点第二位まではっきりさせる。または、父親の体重の正確な部分のみを活かし、2 人あわせた値の最上位から 2 桁までを有効にして 83 kg とすることが考えられます。前者は有効数字 4 桁、後者は有効数字 2 桁になります。

本書では有効数字を正規分布では 3 桁、t 分布では 4 桁での説明をしました。これはそれぞれの分布表で用いられている桁数にあわせたためです。その上で、途中の計算においては見やすさや切り上げ・切り下げ、四捨五入の違いが確認できることを優先させています。例題 10.1 の解答では 95％の信頼区間を 281.7 g から 318.3 g としています。有効数字を 3 桁とした場合は、281 g から 318 g と

136   10. データから全体を推測するⅠ－推定－

表記することになります。

10.3.2項でのアジの重さは，家庭で使う調理用計量器でも 0.1 g 単位で表示されることが少なくないことからも有効数字を 4 桁にした説明を行いました。

章 末 問 題

【1】 ある飲料のうち，任意に 5 本抜き取って飲料に含まれている炭水化物の量を測定しました。測定結果は以下のとおりです。
19.0 g，20.0 g，18.0 g，17.0 g，20.0 g
この飲料の炭水化物の量の平均を点推定により答えてください。

【2】 全国の男子大学生 100 人をランダムに選んで体重を測定したところ，平均値は 66.0 kg でした。このとき，全国の男子大学生の平均体重を 90 ％信頼区間により答えてください。ただし，全国の男子大学生の体重の標準偏差は $\sigma = 9.0$ であるとし，かつ正規分布に従うものとします。

【3】 男子大学生の身長が，平均 170.0 cm，標準偏差 5.0 cm の正規分布に従うものとします。このとき，身長 180.0 cm 以上の人が抽出される確率を答えてください。

【4】 ある製品の重さは平均 60.0 g，標準偏差 0.4 g の正規分布に従うものとします。重さ 61.0 g 以上の製品を不良品とみなすとき，1 万個を製造した場合，その中には何個の不良品が含まれると考えられるか答えてください。

【5】 表 10.8 は 2000 人受験した 4 教科の模擬試験の結果です。90 点以上の得点者が最も多いと考えられる教科はどれか答えてください。なお，4 教科の得点分布は正規分布に従うものとします。

表 10.8

教科	平均点	標準偏差
国語	50.0	18.0
数学	60.0	15.0
理科	70.0	9.0
社会	75.0	4.0

第11章

データから全体を推測する II －検定－

第10章では，推測統計学のうち推定について紹介しました。この章では，検定について基本的な内容を扱います。検定では最初に母集団に関する仮説を立てます。その上で，この仮説がどの程度正しいのかを統計学的に判断します。判断の基準は，確率的に偶然といえるか否かです。そのため，どの程度を偶然とするかを事前に決めておく必要があります。

11.1 仮説検定の考え方

11.1.1 帰無仮説と対立仮説

例 11.1　マジックショーが行われるレストランで夕食をしました。ショーが終わるとマジシャンが各テーブルを回り，ゲームを始めました。ゲームの内容は"マジシャンがコインを投げ，表が出たらマジシャンが1ドル払い，裏が出たらマジシャンに1ドル払う"というものでした。おもしろそうなので，挑戦してみました。しかし，マジシャンが8回投げて，1回しか表が出ず，結局7ドル払うことになりました。

怪しいと思ったので「もともと裏が出やすいコインではないのか?」とマジシャンを問い詰めました。しかし，マジシャンは「このコインは，表と裏の出る確率が同じだ」と言い放ちました。

このゲームの結果について，統計学的に検証してみましょう。

138　　　11.　データから全体を推測するⅡ －検定－

はじめに自分が主張したい仮説を否定する仮説を立てます。これを帰無仮説と呼びます。帰無仮説に対して，自分が主張したい仮説を対立仮説と呼びます。帰無仮説を捨て去る（棄却する）ことができるかどうかを統計学的に検証するのが検定です。この場合，帰無仮説と対立仮説は次のようになります。

　帰無仮説：H_0 表と裏の出る確率が同じコインだ

　対立仮説：H_1 もともと裏が出やすいコインだ

仮説を意味する英単語 hypothesis の頭文字から，帰無仮説を H_0，対立仮説を H_1 と表すことがあります。

11.1.2　有　意　水　準

　裏と表がでる確率が等しいコインであれば，8 回投げたとき裏が出る回数の確率は表 11.1 のようになります。

表 11.1　コインを 8 回投げて裏が出る回数の確率

裏	0 回	1 回	2 回	3 回	4 回	5 回	6 回	7 回	8 回	計
確率	0.004	0.031	0.109	0.219	0.273	0.219	0.109	0.031	0.004	1

*小数点第四位を四捨五入

　「もともと裏が出やすいコインではないのか？」という判断を行うためには，偶然にそのようなことが起こる確率を計算して比較する必要があります。計算した確率が非常に小さければ，「偶然とはいえないことが起きた」と判断するほうが妥当であり，統計的に意義があるということになります。このことを，その判断が「有意である」とも表現します。

　この判断基準のことを有意水準（α）と呼びます。有意水準を 1％と決めた場合，確率が 1％以上の場合「起こりえる」といえます。つまり，マジシャンが 8回投げて，1 回しか表が出ないのは起こりうることだと判断します。有意水準より確率が小さい場合は「偶然とはいえないことが起きた」と判断します。有意水準は，事後に決めたのでは意味がなく，事前に決めておく必要があり，5％と設定されることが多くあります。

　なお，有意水準の決め方によって「起こりえる」ところを「偶然とはいえな

いことが起きた」と誤って判断する場合があります。こうした誤りについては 11.1.5 項で扱います。

11.1.3 有意確率

帰無仮説が正しいと仮定した場合の確率を有意確率（p 値）と呼びます。p 値は、起きた現象よりもっと起こりにくい（珍しい）ことが起きるまでの確率を累積した値です。マジシャンのケースで起きた現象は裏が 7 回、表が 1 回でした。そのため p 値 は「裏が 7 回、表が 1 回である確率」ともっと起こりにくい（珍しい）「裏が 8 回である確率」を加えた値 $p = 0.035$ になります。

11.1.4 統計学的判断

ここまでの流れを整理します。マジシャンは「表と裏が出る確率は同じコインだ」と主張しました。そこで、統計学的に検証するために事前に有意水準（α）を 5％にすることにし、マジシャンも同意しました。このように有意水準の前提がなければ、統計学的仮説検定は意味をなしません。

さて、p 値は $p = 0.035$ でした。有意水準が 5％であることを $\alpha = 0.05$ と表します。この場合、有意水準より p 値 が小さい、つまり $p < \alpha$ です（図 11.1 (a)）。p 値 は帰無仮説が正しいと仮定した場合の確率でした。この確率が有意水準より小さいため、帰無仮説（「表と裏の出る確率が同じコインだ」）は棄却されます。つまり、「偶然とはいえないことが起きた」ということができるのです。そ

帰無仮説を棄却する　対立仮説を採択する

帰無仮説を棄却できない
→どちらかを採択することができない

(a)　(p 値) < (有意水準：α) 　　　(b)　(p 値) ≧ (有意水準：α)

図 11.1　p 値・有意水準と帰無仮説・対立仮説の関係

のため対立仮説である「もともと裏が出やすいコインだ」のほうが正しいと判断します。このような場合の判断は帰無仮説を棄却し，対立仮説を採択するとなります。こうして，「表と裏が出る確率は同じコインだ」というマジシャンの主張を統計学的に否定することができるのです。

では，$p \geqq \alpha$ のときはどうなるのでしょうか？例えば有意水準（α）を 1％とした場合（$\alpha = 0.01$），帰無仮説を棄却することができません（図 11.1 (b)）。この場合，「帰無仮説を棄却できない」と表現します。つまり，「表と裏が出る確率は同じコインだ」というマジシャンの主張を統計学的に否定できないのです。

仮説検定の流れを**図 11.2** に示します。

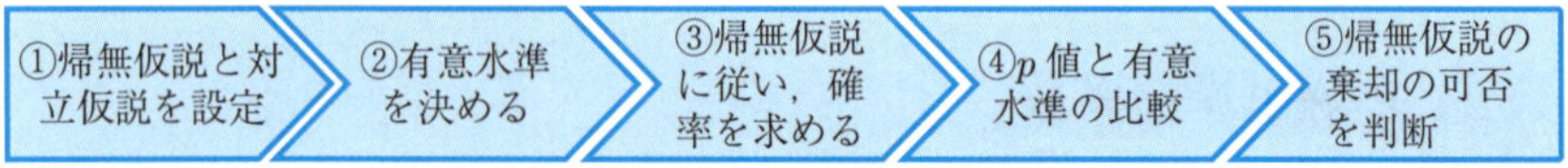

①帰無仮説と対立仮説を設定 ②有意水準を決める ③帰無仮説に従い，確率を求める ④p 値と有意水準の比較 ⑤帰無仮説の棄却の可否を判断

図 11.2 仮説検定の流れ

11.1.5 第一種の過誤と第二種の過誤

統計学的に「帰無仮説を棄却する」，「帰無仮説を棄却できない」といった判断ができることを説明しました。この統計学的にという点に注意が必要です。例 11.1 ではマジシャンの主張を統計学によって検証し，その結果に基づいて判断しています。そのため，判断結果が真実とは異なることもあります。帰無仮説を 5％とした仮説検定の結果，「表と裏が出る確率は同じコインだ」というマジシャンの主張を否定できました。しかし，真実はマジシャンのいうとおり裏と表が出る確率は同じかもしれません。

このように，真実として帰無仮説が正しいのにもかかわらず，帰無仮説を棄却してしまうことを第 1 種の過誤と呼びます（**表 11.2**）。また，真実として対立仮説が正しいのにも関わらず，帰無仮説を棄却できないと判断してしまうことを第 2 種の過誤と呼びます。

統計学的仮説検定は，課題に対してとても有用な仮説の検証方法です。しかし，このような過誤の可能性があることに留意する必要があります。

11.1 仮説検定の考え方　　*141*

表 11.2　第 1 種の過誤と第 2 種の過誤

		真　　実	
		帰無仮説が真 （対立仮説が偽）	帰無仮説が偽 （対立仮説が真）
判	帰無仮説を棄却 （対立仮説を採択）	第 1 種の過誤	正しい判断
断	帰無仮説を棄却できない （対立仮説を採択しない）	正しい判断	第 2 種の過誤

11.1.6　離散型確率変数と連続型確率変数

マジシャンのケースではコインの裏の出方を 0 回から 8 回に設定し検定について説明しました。これは離散型確率変数による説明です。

ここからは，確率変数が身長，体重などのように連続的に値をとるような連続型確率変数の場合の検定を扱っていきます。検定には目的によってさまざまな種類が存在します。ここでは，次のような母平均を対象とする検定を事例として取り上げます。なお，母平均を対象とする検定は母平均の区間推定と同様に母分散がわかっている（母分散既知）場合と，わかっていない（母分散未知）場合に分けられます。

11.1.7　片側検定と両側検定

例 11.2　あるハンバーガーチェーンでは，フライドポテトの長さの基準を 10.0 cm としています。基準にあっているかどうかを確かめるため，このハンバーガーチェーンのお店（A 店）でフライドポテトを注文し，ランダムに 20 本を選び長さを測ったところ，平均（標本平均）は 10.5 cm でした。帰無仮説：H_0 を「フライドポテトの長さの平均は 10.0 cm である」とした場合の対立仮説を述べてください。

帰無仮説：H_0 を「フライドポテトの長さの平均は 10.0 cm である」とした場合，対立仮説：H_1 は次の 3 通りが考えられます。

(１) A店のフライドポテトの長さの平均は 10.0 cm ではない
(２) A店のフライドポテトの長さの平均は 10.0 cm より長い
(３) A店のフライドポテトの長さの平均は 10.0 cm より短い

（１）のような検定方法を両側検定，（２）と（３）のような検定方法を片側検定と呼びます。片側検定はさらに上側検定と下側検定に分かれます。有意水準を 5％とした場合，A店のフライドポテトの長さの両側検定と片側検定の有意水準を図示すると次のようになります。

（１）両側検定（フライドポテトの長さの平均は 10.0 cm ではない）: 図 11.3

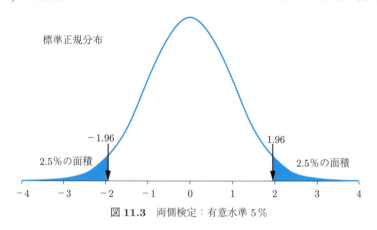

図 11.3　両側検定：有意水準 5％

（２）上側検定（フライドポテトの長さの平均は 10.0 cm より長い）: 図 11.4

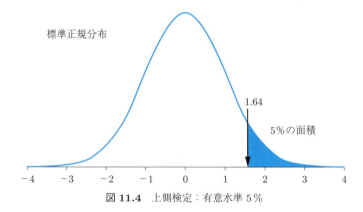

図 11.4　上側検定：有意水準 5％

(3) 下側検定（フライドポテトの長さの平均は 10.0 cm より短い）：図 11.5

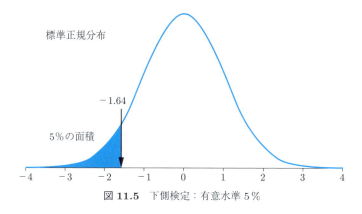

図 11.5　下側検定：有意水準 5％

なお，標本平均が 10.5 cm であった場合，対立仮説をあえて 10.0 cm より短いとするのは現実的ではありません。下側検定を説明するための想定だと理解してください。

11.2　母分散がわかっている場合の検定

例 11.3　母分散がわかっている場合

あるハンバーガーチェーンのお店（A 店）でフライドポテトを注文し，ランダムに 20 本を選び長さを測ったところ，平均（標本平均）は 10.5 cm でした。さて，このハンバーガーチェーンでは，フライドポテトの長さの基準を 10.0 cm としています。なお，母分散は 1.0^2 とわかっており，フライドポテトの長さは正規分布に従うとします。基準にあっているかどうかを確かめるため，有意水準を 5％として検定してください。

(1) 帰無仮説：H_0 を「フライドポテトの長さの平均は 10.0 cm である」とし，対立仮説：H_1 を「A 店のフライドポテトの長さの平均は 10.0 cm ではない」とした場合。

20本のフライドポテトの標本平均 $\overline{X}$ は平均 $\overline{X} = 10.5$, 分散 $\dfrac{\sigma^2}{n}$ の正規分布に従うことになります。標準化により，平均 0，分散 1^2 の標準正規分布に従う Z 値に変換すると，次のようになります。検定の際に用いる Z 値を検定統計量（統計量）Z と呼びます。

$$Z = \frac{\overline{X} - \mu}{\sqrt{\dfrac{\sigma^2}{n}}} = \frac{10.5 - 10.0}{\sqrt{\dfrac{1.0^2}{20}}} \fallingdotseq 2.24 \tag{11.1}$$

両側検定 5％の場合，上側 2.5％点以上と下側 2.5％点以下が棄却域となります。このときの 2.5％点の値は標準正規分布表（標準正規分布の上側確率，表 10.6）により 1.96 ですので，上側 2.5％点の値が 1.96，下側 2.5％の点が -1.96 になります。図 11.6 に示すように Z 値 2.24 は棄却域に含まれます。そのため，帰無仮説は棄却され対立仮説が採択されます。

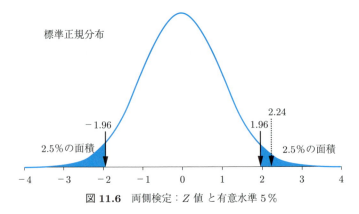

図 11.6　両側検定：Z 値と有意水準 5％

つまり，有意水準 5％においては「フライドポテトの長さはの平均は 10.0 cm である」とはいえず，「A 店のフライドポテトの長さの平均は 10.0 cm ではない」といえます。

（2）帰無仮説：H_0 を「フライドポテトの長さの平均は 10.0 cm である」とし，対立仮説を「フライドポテトの長さの平均は 10.0 cm より長い」とした場合。

片側検定ですので，標準正規分布表（標準正規分布の上側確率，表10.6）により，5％点の値を確認します。このとき，上側5％点は1.64になります。1.65と迷うかもしれません。こうした場合は，5％（0.05）に近い1.64を採用します。Z値は2.24でしたので，図11.7に示すようにこの場合も棄却域に含まれるため，帰無仮説は棄却され対立仮説が採択されます。つまり，有意水準5％においては「フライドポテトの長さの平均は10.0 cmである」とはいえず，「A店のフライドポテトの長さの平均は10.0 cmより長い」といえます。

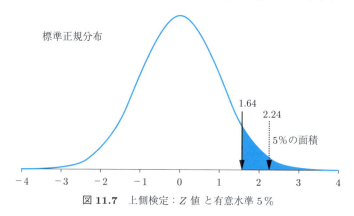

図 11.7　上側検定：Z値と有意水準5％

11.3　母分散がわかっていない場合の母平均の検定

例 11.4　母分散がわかっていない場合

あるハンバーガーチェーンでは，フライドポテトの長さの基準を10.0 cmと定めています。実際にお店（B店）でフライドポテトを注文しランダムに20本を選び，長さを測ったところ，平均値（標本平均）は10.5 cm，分散（標本分散s^2）は1.2^2でした。このハンバーガーチェーンのフライドポテトの長さは基準の10.0 cmであるといえるでしょうか。なお，このハンバーガーチェーンのフライドポテトの長さは正規分布に従うとします。こ

のとき，有意水準を 5％として検定してください。

帰無仮説：H_0 を「フライドポテトの長さの平均は 10.0 cm である」とし，対立仮説：H_1 を「B 店のフライドポテトの長さの平均は 10.0 cm ではない」とします。

このハンバーガーチェーンのフライドポテトの長さは正規分布に従うとされているので，中心極限定理より，ランダムに選ばれた 20 本のフライドポテトは標本平均 $\overline{X} = 10.5$，不偏分散 $u^2 = \dfrac{20}{20-1} \times 1.2^2 \fallingdotseq 1.52$ の正規分布に従うことになります。この例題では母分散がわかっていません。そのため，第 10 章で説明した標本分散 $s^2 = 1.2^2 = 1.44$ を補正した不偏分散 $u^2 \fallingdotseq 1.52$ を用います。

また，対立仮説が「B 店のフライドポテトの長さはの平均は 10.0 cm ではない」であるため，両側検定となります。

t 値を求めると，次のようになります。なお，検定の際に用いる t 値を検定統計量（統計量）t と呼びます。

$$t = \frac{\overline{X} - \mu}{\sqrt{\dfrac{u^2}{n}}} = \frac{10.5 - 10.0}{\sqrt{\dfrac{1.52}{20}}} \fallingdotseq 1.814 \tag{11.2}$$

この t 値は自由度 $20 - 1 = 19$ の t 分布に従います。

自由度 19 の t 分布における 2.5％点の値は，t 分布表（表 10.7）より 2.093

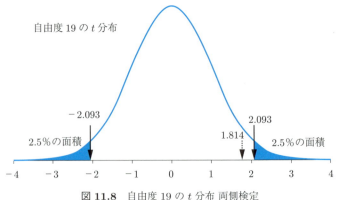

図 **11.8**　自由度 19 の t 分布 両側検定

になります。**図11.8**のように，この棄却域にt値が含まれないため，帰無仮説は棄却できません。つまり，母分散が不明で，ランダムに選んだ20本のフライドポテトの長さの標本分散を用いた場合には，有意水準5％において「B店のフライドポテトの長さの平均は10.0 cmではない」とはいえないことになります。このように検定の対象が同じであっても，標本分散を用いた検定は，母分散がわかっている場合に比べ，帰無仮説を棄却しづらいことがわかります。

11.4　いろいろな検定

ここまで，母分散がわかっている場合と，わかっていない場合の母平均の検定について扱いました。検定は，目的によってさまざまな方法があります。

例えば，「母分散や母標準偏差に関する仮説検定」，2つの母集団の平均の差を調べる「母平均の差の検定」，2つの母集団の分散が等しいかどうかを調べる「等分散の検定」，標本から割り出した比率を母集団の比率として捉えて良いかどうかを調べる「母比率に関する検定」などがあります。

「母平均の差の検定」は，2つのグループにそれぞれ異なる薬を投与し，薬の効果に差があるかどうかを検定する際などに用いられます。

また，「母比率に関する検定」は，花粉症患者の80％に有効であると宣伝する薬について検証した結果，100人中74人に効果が認められた場合，この宣伝は正しいと言えるかどうかを検定する際などにも用いられます。

このほかにも，標本から得たデータの分布が理論上の分布に適合しているかを検定する「適合度検定」，男女別に得意な科目を調査した結果に対して，男女の違いがあるか否かを検定するような「独立性の検定」も存在します。

こうしたさまざまな検定を理解し，利活用するためには確率の知識が不可欠です。本書では，確率についての詳細な説明までは行っていません。また，検定の入門といえる母平均に関する検定のみを取り上げました。これは今後みなさんがさまざまなこれらの検定を理解するための第一歩になります。

148   11. データから全体を推測する II −検定−

章 末 問 題

【1】 1リットル入り牛乳の紙パックをサンプリングし，その平均が1リットルより
も少ないかどうか検定したいとき，帰無仮説と対立仮説をどのように設定する
のが適切であるか答えてください。

【2】 帰無仮説を「ワクチンの効果がある」としたとき，第1種の過誤と第2種の過
誤を答えてください。

【3】 ある新聞の記事の一部に次のような記載がありました。
「ウィルスの消失や減少，解熱が早まる傾向はあったが，有意差はなかったと
結論付けた」
この記事にある有意差はなかったとはどのような意味であるのかを答えてくだ
さい。

【4】 あるハンバーガーチェーンでは，Mサイズのフライドポテトの重さの基準とな
る平均値を130.0gと定めています。実際にお店（C店）でMサイズのフライ
ドポテトを10個注文し，重さを量ったところ，平均値は128.0gでした。この
ハンバーガーチェーンのフライドポテトの重さは基準となる平均値130.0gで
あるといえるでしょうか。なお，このハンバーガーチェーンのフライドポテトの
重さは正規分布であるとみなしてよいものとします。また，母分散は $\sigma^2 = 36$
であるとわかっているものとします。このとき，フライドポテトの重さが基準
となる平均値のとおり130.0gであるかどうか有意水準を5%として検定して
ください。

【5】 ある缶詰工場で製造されている缶詰には内容量200.0gと記載されています。
この缶詰を10個購入したところ，標本平均は198.0g，標本分散は5.0gでし
た。缶詰の表記に問題がないかどうかを有意水準5%で検定してください。

第12章

多変量解析

　これまでは，コインを投げて表が何回出るか，魚のアジの重さの平均といった1つの変化する量を想定し記述統計学や推測統計学について説明してきました。しかし，現実には1つの変化する量だけではなく2つ以上の変化する量が想定される場合のほうが多いでしょう。

　例えば，ある町でアパートの部屋を借りるとします。このとき，部屋の広さだけではなく，駅からの距離，築年数，周囲の環境などさまざまな要因が加わり家賃が決められます。この章では，このような2つ以上の変数が存在する場合の分析方法の概要を紹介します。

12.1　データから予測を行うための分析手法

12.1.1　単回帰分析

　回帰分析とは，複数あるデータの関連性を明らかにする統計的手法の1つです。原因（説明変数）が結果の値（目的変数）に対して，どのくらい影響しているのかを分析することができ，何らかの予測をしたいときに有効な分析手法です。特に説明変数が1つ，目的変数が1つの場合を単回帰分析と呼びます（図

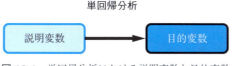

図 12.1　単回帰分析における説明変数と目的変数

12. 多変量解析

12.1）。

　ある飲食店の座席数と売上高の関係は，座席数に応じて売上高が変化するとします（**表12.1**）。この場合，座席数が説明変数，売上高が目的変数になります。

表12.1　座席数と年間売上高

飲食店	座席数	年間売上高〔万円〕
店1	30	6620
店2	51	8360
店3	47	8510
店4	40	7500
店5	38	6240
店6	32	7810
店7	36	6820
店8	50	8290
店9	40	6510
店10	56	8960

　図12.2は座席数と年間売上高のデータ（表12.1）の散布図になります。この図には各点を直線で結んだ場合，データを最もよく近似する式（近似式）である直線を描き加えています。この近似式は回帰方程式と呼ばれ，**図12.3**の

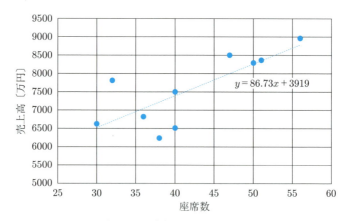

図12.2　表12.1の散布図と回帰方程式の表す直線

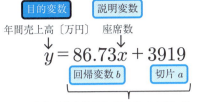

図 12.3　表 12.1 の回帰方程式

ような意味をもっています。

この回帰方程式は，x（座席数）と y（年間売上高）の平均値を $\bar{x}$, $\bar{y}$, σ_x^2 を x の分散，σ_{xy} を x と y の共分散としたとき，次の式で表されます。実際に求める場合は，Excel などのツールを利用することが多いでしょう。

$$a = \bar{y} - b\bar{x},\ b = \frac{\sigma_{xy}}{\sigma_x^2} \text{ とおけば, } y = bx + a \tag{12.1}$$

図 12.3 の式を用いることにより，例えば座席数を 60 としたときの売上高を計算し予測することができます。

$$y = 86.73 \times 60 + 3919 \fallingdotseq 9123 \tag{12.2}$$

つまり，売上高の予測は約 9123 万円です。

12.1.2　重回帰分析

単回帰分析に対して 2 つ以上の説明変数がどのくらい 1 つの目的変数に影響を与えているのかを分析する手法を重回帰分析と呼びます（図 12.4）。

図 12.4　重回帰分析における説明変数と目的変数

例えば，**表 12.2** のようにある飲食店の座席数と売上高の関係に，最寄り駅からの距離を説明変数に加えた場合を想定します．この場合の回帰方程式も Excel などで計算し，**図 12.5** のように求められます．

表 12.2 座席数・駅からの距離と年間売上高

お店	座席数	駅からの距離〔m〕	年間売上高〔万円〕
店 1	30	160.0	6620
店 2	51	240.0	8360
店 3	47	160.0	8510
店 4	40	400.0	7500
店 5	38	640.0	6240
店 6	32	480.0	7810
店 7	36	560.0	6820
店 8	50	240.0	8290
店 9	40	400.0	6510
店 10	56	320.0	8960

目的変数：年間売上高〔万円〕
説明変数1：座席数 x_1
説明変数2：駅からの距離 x_2

$$y = 74.63 x_1 + 1.662 x_2 + 5025$$

公式で求めることができますが，Excel などのツールを利用するのが一般的

図 12.5 表 12.2 の回帰方程式

図 12.5 の回帰方程式において座席数を 60，駅からの距離を 240 m とした場合の売上高を計算してみます．

$$y = 74.63 \times 60 - 1.662 \times 240 + 5025 \fallingdotseq 9104 \qquad (12.3)$$

この計算結果から売上高は約 9104 万円と予測することができます．この予測値は単回帰分析に比べると，説明変数が増えていることから実際の値との差が小さくなります．

なお，データから何らかの予測をする分析手法としては，他に判別分析，コンジョイント分析，数量化 I 類・II 類，決定木（ディシジョンツリー）などがあります．

12.2 データの特徴を把握するための分析手法

12.2.1 主成分分析

主成分分析は，たくさんの説明変数をより少ない指標に要約（次元削減）する手法の1つであり，データの特徴を把握したいときに有効な分析手法です。

要約された新しい指数のことを主成分と呼びます。例えば，身長と体重の2つの次元を，体格指数（BMI）で表すと1つの次元に要約することができます。これが，要約（次元削減）のイメージです。この考え方は，多変量，多次元であるビッグデータを理解しやすく可視化する際に採用されています。また，データの特徴を捉えることが可能なため，購買分析やブランディングなどにも使われています。

例えば，高校の定期テストの結果を分析する際，数学と英語といった科目ごとに点数を比較するよりは，総合成績と文系・理系科目という指標を用いて比較するほうが把握しやすくなります。この例では，総合成績が比較において一番重要な指数であり第1主成分（PC1），文系・理系科目の指標を第2主成分（PC2）と呼びます。図 **12.6** に示すように第1主成分が縦軸，第2主成分が横軸のイメージです。

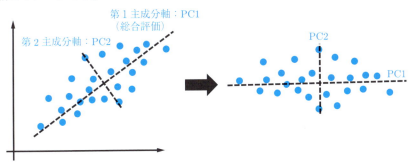

図 **12.6** 第1主成分と第2主成分に着目した主成分分析のイメージ

あるスーパーの1月から12月までの「スポーツドリンク」，「緑茶」，「紅茶」，「果汁飲料」の売上高（表 **12.3**）について主成分分析を行いました。

154   12. 多 変 量 解 析

表 12.3 あるスーパーのドリンクの年間売上高（単位：〔万円〕）

	1月	2月	3月	4月	5月	6月	7月	8月	9月	10月	11月	12月
スポーツ ドリンク	132	162	273	266	324	20	100	296	288	260	379	131
緑茶	174	82	279	248	284	226	184	321	183	309	377	184
紅茶	241	190	188	322	292	284	218	643	231	168	98	121
果汁飲料	256	243	198	234	204	194	84	206	298	106	198	167

主成分分析を行った結果を**表 12.4** にまとめました。実際には Excel や統計
ツールを用いて計算します。なお，データどうしに相関関係がない場合，デー
タが 2 つ以上に分かれて分布している場合，データの分布に直線的な傾向がな
い場合，主成分分析は適さないため他の分析方法を検討することになります。

表 12.4 あるスーパーのドリンクの年間売上高の主成分分析

	第 1 主成分	第 2 主成分
スポーツドリンク	0.323	0.778
緑茶	0.262	0.473
紅茶	0.906	−0.413
果汁飲料	0.082	−0.008

	第 1 主成分	第 2 主成分
寄与率	0.511	0.340

表 12.4 において第 1 主成分は総合評価を示しています。「総合評価」や「満足
度」などのようにネーミングされます。第 2 主成分が何を示すのかは，得られた
結果から検討する必要があります。表 12.4 の結果を描き出したのが**図 12.7** に
なります。この図は横軸が第 1 主成分，縦軸が第 2 主成分を表しています（縦
軸に第 1 主成分，横軸第 2 主成分をとる場合もあります）。第 1 主成分におい
て，「紅茶」が大きな値となっています。これは，表 12.4 のデータの特徴は「紅
茶」によって形成されていることを意味しています。第 2 主成分は「スポーツ
ドリンク」と「緑茶」が正の値，「果汁飲料」がほぼ 0，「紅茶」が負の値です。
そこで，第 2 主成分は「清涼感」を表しているとのように分析者がネーミング
を行います。

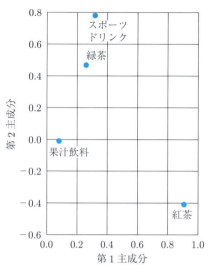

図 12.7 主成分分析（表 12.4）のプロット

　第 1 主成分，第 2 主成分が表 12.4 のすべてを表しているわけではありません。表 12.4 の下部にある「寄与率」は全データのどの程度の情報が主成分に反映されているかを意味します。例の場合，第 1 主成分は全データの 51.10％，第 2 主成分は全データの 33.99％を反映しています。主成分はさらに第 3 主成分，第 4 主成分のように求めることができます。例の場合，第 1 主成分と第 2 主成分の合計が 85.09％です。全データの特徴を把握するには，一般的に主成分の合計が 70～80％を目安にすることから，これ以上の主成分を求めてはいません。

　さて，今回の結果をどのように活かすのかについて触れたいと思います。「紅茶」は総合的評価が高いのですが，「清涼感」では劣っています。そこで，清涼感も味わえるフレーバーティーに力を入れるなど，統計学を基に売上高を伸ばす方策を定めることができるのです。

12.2.2　因 子 分 析

　因子とは何らかの結果を引き起こす原因を意味します。因子分析とは，さまざまな結果（変数）の背後に潜んでいる共通の原因を統計学的に明らかにする

分析です。例えば，マーケティングにおいてアンケート調査の結果から回答者の潜在意識を見いだしたい場合などに行われる分析手法です。

主成分分析と同じように因子分析もデータの特徴を把握したい場合に用いられる分析手法です。主成分分析は主成分としてまとめられた結果を求めるのに対し，因子分析は原因を見いだすことを目的に行われるという点で異なります。

例えば，国語，数学，理科，社会，英語の定期試験の結果から生徒の総合学力を比較したい場合には主成分分析を用います。これに対し，理系科目の学力が高い（または低い）原因を導き出したい場合には因子分析を用います（図 **12.8**）。より簡単に表現すると，身長と体重から体格指数として BMI 化するのが主成分分析，身長と体重が増加した共通の原因を見いだすのが因子分析といえます。

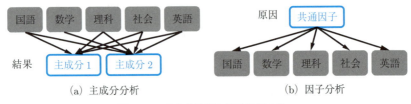

図 **12.8**　主成分分析と因子分析の違い

因子分析は，高度なスキルに加え数学と統計学の知識が必要になり，Excel で行うよりも統計ツールを用いるのが一般的です。そのため，本書では因子分析の結果の読み取り方を紹介するのに留めます。

例えば因子分析では，飲みものの好き嫌い程度を「とても好き」，「やや好き」，「どちらでもない」，「やや嫌い」，「とても嫌い」と設定した 5 件法，5 件法から「どちらでもない」を除いた 4 件法などによって回答を得た後，さらに詳しく分析することができます。なお主成分分析でもこのような回答結果を分析できますが，分析結果の意味は図 12.8 に示すように異なります。

算数の学習において児童が感じる面白さの尺度の作成を行った例を紹介します。草薙・山本は，小学校 4 年生 141 名に対し，学習やテストに関するさまざまな 48 の場面について「とてもおもしろい」から「まったくおもしろくない」の 5 段階からなる回答を求めました[70]。回答結果を因子分析した結果が**表 12.5**

12.2 データの特徴を把握するための分析手法　　157

表 12.5 児童が感じるおもしろさの構造を明らかにするための因子分析結果[70])

項　目	因子 1	因子 2	因子 3	因子 4
18 たくさんの問題を解くとき	0.974	−0.016	−0.133	0.053
13 わからない問題が出たとき	0.902	−0.189	0.077	−0.096
20 問題をずっとといているとき	0.901	−0.229	0.036	0.084
19 練習問題のとき	0.815	−0.003	−0.010	0.126
22 復習するとき	0.684	0.057	−0.001	0.099
24 決められた時間内にやるとき	0.659	0.295	−0.044	−0.213
5 間違ってなおせたとき	0.580	0.082	0.077	0.018
31 難しい問題にチャレンジするとき	0.492	0.195	0.293	−0.171
21 わかったことを実践しているとき	0.382	0.278	0.174	−0.042
26 深められたとき	0.375	0.296	0.219	−0.062
10 解き方をすぐに思いついたとき	0.322	0.231	0.062	0.282
34 新しい問題にチャレンジして解けたとき	−0.215	0.864	0.224	−0.022
25 時間内に全問解き終わったとき	0.058	0.836	−0.231	−0.052
14 わからない問題が解けたとき	0.191	0.822	−1.099	−0.034
15 誰もわからない問題が解けたとき	0.191	0.822	−0.199	−0.034
29 難しい問題が解けたとき	0.148	0.756	−0.108	0.049
32 苦手な問題が解けていたとき	0.039	0.668	0.120	0.062
35 新しい問題のやり方がわかったとき	0.128	0.652	0.032	0.028
43 面白い問題を解いているとき	−0.143	0.501	0.309	0.068
9 解き方をひらめいたとき	0.178	0.500	−0.055	0.162
7 すぐとけたとき	0.096	0.399	0.034	0.224
36 友達と話し合って解くとき	0.031	−0.225	0.858	0.111
38 みんなと答えを比べているとき	−0.018	−0.093	0.828	0.091
37 友達の考えなどをみたとき	0.069	−0.191	0.824	0.031
39 いろいろとやり方がわかったとき	0.077	0.355	0.601	−0.189
40 みんなで答えるとき	0.205	0.139	0.491	−0.059
41 教えるとき	−0.077	0.333	0.339	0.213
12 得意な問題がでたとき	0.008	0.028	−0.021	0.902
11 問題が簡単なとき	−0.097	0.039	0.240	0.553
4 テストが 100 点だったとき	0.138	0.208	−0.004	0.376

です。項目の番号は，場面の番号を意味しています。

　因子分析を行った結果，「因子 1」から「因子 4」まで 4 つの因子が抽出されています。評価項目ごとに各因子に対して示されている数値は「因子負荷量」と呼ばれ，因子との相関関係を意味しています。

　さて，各因子が原因としてどのような意味をもつのかについては，分析者が命名する必要があります。草薙・山本は，因子 1 を「問題への集中」，因子 2 を「問題への挑戦」，因子 3 を「協同への参加」，因子 4 を「成績への固執」と命名

しています[70]）。その上で児童が算数の面白さを感じる背景にはこれら4つの原因があることを明らかにしています。

こうした結果から，算数の授業において，問題に集中する場面を設定したり，少しだけ難度の高い問題を紹介したり，場面によってグループ学習を取り入れてみたりするなどの工夫の必要性が統計学的な根拠をもとに提案・実践できるようになります。

なお，データの特徴を把握するための分析手法としては，他に共分散構造分析（SEM），多次元尺度構成法（MDS），数量化III類・IV類などの分析手法があります。

12.3 データを分割したいときの分析手法

12.3.1 クラスター分析

クラスター分析とは，異なる要素や傾向をもつ複数のデータから類似しているものを集め分割する統計学的手法であり，クラスタリング（clustering）とも呼ばれます。クラスターは英語で「集団」，「群れ」などを意味します。

この分析は，マーケティングにおいて，消費者の特性により分類する際などに有効です（図 12.9）。こうした特性以外にも，商品，企業，地域などを分類することも可能です。

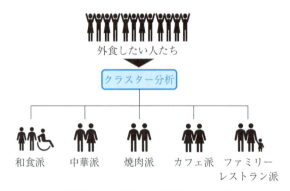

図 12.9　クラスター分析のイメージ

クラスター分析は，階層クラスター分析と非階層クラスター分析の2つに分かれます。階層クラスター分析は，類似性が強い組合せを順々にクラスター化していく手法です。途中過程が階層になり，最終的に樹形図（デンドログラム）と呼ばれる階層構造を示す図が完成します。これに対し，非階層クラスター分析は，階層的な構造がなく，クラスター化する数を最初に決め，決められた数のクラスターにデータを割り振っていく手法です。非階層クラスター分析では，最初に設定するクラスター数によって結果が異なるという特徴があります。

クラスター分析は，Excelで行うことができる場合もありますが，統計ツールを用いるのが一般的です。そのため，本書ではクラスター分析についても読み取り方を簡単に紹介するに留めます。

12.3.2 階層的クラスター分析

階層的クラスター分析の利点として，分析によって得られる結果（樹形図，図 **12.10**）からデータの構造が視覚的に判断しやすいことがあげられます。一方，サンプルや変数などが多い場合，計算不能となる場合があります。

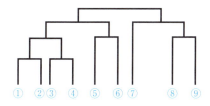

図 **12.10** 階層的クラスター分析結果から得られる樹形図のイメージ

階層的クラスター分析では，低い階層で合流しているものどうしは類似性が強いと読み取ります。図12.10では，①と②，③と④のそれぞれの類似性が強く，その上で⑤と⑥，⑧と⑨と同じような類似性を有していると判断します。また，①から⑥のクラスターと⑦から⑨のクラスターは類似性が異なっていることがわかります。

階層的クラスター分析は，最後には1つに統合されます。また，各クラスター

12.3.3 非階層的クラスター分析

非階層的クラスター分析の利点として，階層的クラスター分析よりも計算量が少なくてすむため，ビッグデータのようにデータ数が多い対象を扱いやすいことがあげられます。図 12.11 のデータを 4 つに分割すると，図 12.12 のようになります。

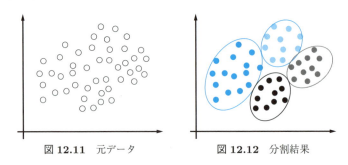

図 12.11　元データ　　　　図 12.12　分割結果

非階層的クラスター分析では，図 12.11 の元データの類似性をもとにクラスターとしてまとめていきます。この分析ではクラスターの数を事前に決める必要があります。この決め方によって分割結果が異なることなどが欠点としてあげられます。

非階層的クラスター分析においても，各クラスターがどのような類似性を表しているのかを分析者が命名することになります。

章 末 問 題

【1】 ある飲食店の各月の持ち帰り弁当の販売数を来店客数から予測するため，単回帰分析を行いました。その結果，切片 $a = -58.0$，回帰係数 $b = 0.60$ でした。来店客数を 400 人と想定した場合，持ち帰り弁当の予測販売数を答えてください。

章　末　問　題　　*161*

【2】　ある ICT 企業の入社試験に 50 名が挑みました。試験科目は一般常識，数学，英語，情報知識でした。この試験の結果を主成分分析によって分析したところ，第 1 主成分はすべてプラスの値，第 2 主成分は一般常識と英語がプラスの値，数学と情報知識はマイナスの値となりました。このことからどのようなことが考えられるか答えてください。

【3】　結果を因子分析によって分析しようと考えているアンケート調査の回答項目の形式として，最も適切であると考えられる手法を次の（1）～（5）の中から 1 つ選び答えてください。

(1) 文章完成法
　　未完成の文章を提示し，単語や句を補うことにより完成させる検査手法

(2) 評定尺度法
　　「1. とても満足」，「2. やや満足」，「3. やや不満」，「4. とても不満」のようにあらかじめ設定した評価段階の中から，最も近いものを選択してもらう方法

(3) 自由回答法
　　質問のみを用意し，回答は自由に記入してもらう方法

(4) 一対比較法
　　「好き」，「嫌い」といった感覚的印象についてどちらか近いものを選択してもらう方法

(5) 順位法
　　「好きな順番に選ぶ」といった与えられた特性に順位を付ける手法

【4】　因子分析などに用いられる 5 件法，7 件法と 4 件法，6 件法の違いは，「どちらでもない」の回答があるかないかです。このような中立的な回答（中間選択，不定帯などと呼ばれます）を設けることの利点と欠点を述べてください。

【5】　すしネタの好みについてアンケート調査を行い，階層的クラスター分析を行いました。その結果，6 つのクラスターに分かれそれぞれに次のように命名しました。
　　①魚卵系　②巻物　③甲殻類系　④マグロ系　⑤青魚系　⑥貝類
樹形図が最終的に 1 つになる前のクラスターは，①・②・③・④からなる A 群，⑤・⑥からなる B 群でした。このとき，A 群と B 群はどのようなクラスターであると考えられるか答えてください。

第13章

質的調査（定性的調査）

　第 8 章から第 12 章までは統計学を中心に説明しました。統計学の対象は数値です。一方，データにはインタビューの内容や人々を観察して得られた知見など数値以外のデータも存在します。アンケート調査を行うとしましょう。統計学に基づいた分析方法に熟知していたとしても，アンケート調査の質問項目の設定は適切でしょうか？ この章では，数値として表すことのできないデータを扱う研究分野で用いられる調査や分析の手法を紹介します。

13.1　質的調査の概要

　数値データを統計学的に分析する手法を量的調査（定量的調査）と呼びます。学生 100 名のうち，コーヒーが好きな人は何人いるかといった調査は量的調査です。好き嫌いの程度を「とても好き」から「とても嫌い」までの 4 件法，または 5 件法によって回答を得た後，主成分分析や因子分析によってさらに詳しく分析することも量的研究に含まれます。しかし，「コーヒーが好き」と答えた学生の中には，「あまり好きではないけれど，好きな人がコーヒー好きなので，好きと答えた」，「味は苦手なのだけど飲んでいるときの雰囲気が好き」といった設定された回答からは把握できない理由が存在することもあります。このように，量的調査では知ることのできない個々の思考を調べるための方法を質的調査（定性的調査）と呼びます。量的調査と質的調査の違いを表 13.1 にまとめます。

　量的調査と質的調査は，対立する関係ではなく分析において両輪をなす関係

13.2 質的調査の事例－エスノグラフィー－ 163

表 13.1 量的調査と質的調査の違い

	量的調査	質的調査
目的	集団の実態や傾向を把握する	個々の思考やその理由を把握する
データ	数値	非数値
中心となる手法	統計学	インタビューや観察など
結果	数値	テキスト（文字情報，文字列）

です。量的調査のためにアンケート調査を行う場合，思いつく質問項目をあげていくことが考えられます。しかし，根拠に基づいた設定であるとは言いにくい方法です。「コーヒーが好きな理由」を把握したいのであれば，いくつか思いつく項目をあげたうえで，インタビュー調査を行い，その項目の妥当性を検証し他にどのような項目があげられるのかを把握するほうがよりよいでしょう。そのうえで，「コーヒーが好きな理由」としてこのようなことが考えられるのではないかという仮説を構築し，量的調査を経て仮説の検証を行うことになります。なお，量的調査を基にする研究方法を量的研究（定量的研究），質的調査を基にする研究方法を質的研究（定性的研究）と呼びます。

13.2　質的調査の事例－エスノグラフィー－

文化人類学などにおいて，エスノグラフィー（ethnography）という手法を用いることがあります。エスノグラフィーは，ギリシア語の ethnos（民族），graphein（記述）に由来することから民族誌（民族誌学）と訳されます。この方法では，調査者がフィールドワーカーとして調査対象者の生活環境などのフィールドに入り込み，調査対象者の行動様式の詳細な記述を行います。このとき，客観的な記述よりも対象者の内面側に立って記述することにより，対象者の生活環境をより深く理解できます。なお，このような記述の基になる観察方法を参与観察と呼びます。

知られている例として，ケチャップを製造している企業が行ったエスノグラフィーがあります。実際に，ケチャップの消費者が自社の製品を使う様子を観

164　　13.　質的調査（定性的調査）

察したところ，底のほうに偏ったケチャップを出し切るために振る，蓋に付いたケチャップをティッシュペーパーでふき取る様子が見られたそうです。そこで，一押しで必要な分だけピュッと出すことができ，かつキャップからはみ出さないようにするためケチャップボトルの上下を逆にし，ボトルの口のほうを下向きにして保存するパッケージの開発につながったそうです。

13.3　いろいろな質的調査の手法

　量的調査と同じように，質的調査についてもいろいろな手法があります。質的調査は，インタビュー，観察といった調査者の熟達度合いに依存する部分も多くあります。そのため，熟練と経験が必要になります。統計学を用いない方法であるため，簡単にできそうなイメージをもつ方もいますが，そのようなことはなく，なぜその調査協力者なのか，なぜその手法なのか，どのようにまとめ上げたのかなど詳細に記述する必要があります。ここでは，質的調査について，エスノグラフィー以外の手法の概要を説明します。

　（**1**）　**事例研究（ケーススタディ）**　　ある1つの事例（ケース）について，全体的，多角的に詳細をたどり，新たな知見や一般性を見いだす手法です。ある事例の初めから終わりまでを対象とした研究をヒストリカル・スタディ（historical study）と呼びます。これに対し，ある事例の断面に着目し，原因や対策を考える方式をインシデント・スタディ（incident study）と呼びます。

　（**2**）　**グラウンデッド・セオリー・アプローチ（GTA）**　　アメリカのグレイザーとストラウスによって提唱された手法です。量的研究への偏りからの脱却を目指し，データを系統的に収集・分析し，理論の生成過程に焦点をあてた手法です。データに根ざし（grounded）て概念をつくり，概念どうしの関係性を見いだし（theory），理論を生成（approach）していきます。この流れを繰り返し，これ以上，新しい関係性が見いだせない状況をゴールとします。

　（**3**）　**KJ法**　　文化人類学者の川喜田二郎が提唱した手法で，手法名はイニシャルに由来します。あるテーマまたは問題に対し，グルーピングやラ

ベリング，図解化，文章化などの手順を踏み，テーマや問題の本質を見いだしていく手法です（図 13.1）。膨大な研究データの分析方法として考案されたのですが，現在では新たな発想やアイデアの創出にも有用であることから，発想法としても広く利用されています。

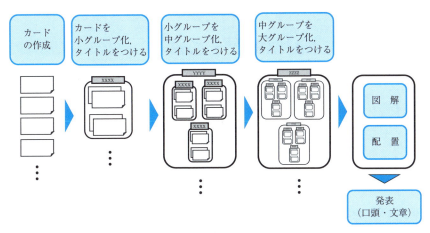

図 13.1　KJ 法の流れのイメージ

章 末 問 題

【1】 第 9 章において量的データと質的データの説明がなされています。量的調査と質的調査との違いを整理し答えてください。

【2】 次の想定で，質的調査が適していると考えられるのはどれか答えてください。
①調査対象者のうち，ある基準を満たす人数を把握したい。
②調査対象者のうち，回答が少なかった項目についての選択理由を知りたい。
③どのような仮説が立てられるのかを検討したい。
④ある仮説が妥当なのかどうかについて検証したい。

【3】 言葉として意味をもつ最小単位を形態素といいます。例えば，「仙台で牛タンを食べる」との文を「仙台（名詞）/で（助詞）/牛タン（名詞）/を（助詞）/食べる（動詞）」のように単語を分割（単語分割）することを単語分割，分割したそれぞれの単語（形態素）の品詞や変化を調べることを形態素解析と呼びます。この形態素解析がどのように活用されているのかを調べ，答えてください。

第14章

AI社会・データ社会の将来に向けて

　本書の終章では，まず，世界のよりよい未来のために2015年に国連において定められた「持続可能な開発目標」（SDGs）について解説します。そしてそれらの目標の実現にむけたAIやデータサイエンスの貢献と課題について議論します。最後に，これからのAI・データ社会において大切な人間の思考様式について解説し，それらの重要性について学び，全体のまとめとします。

14.1　SDGsにおけるAIやデータサイエンスの役割

　2015年に国連において，「この先の世界が今以上によくなるために，2030年までに世界の人全員で協力して解決したい目標」として，17項目の持続可能な開発目標（sustainable development goals, SDGs）が定められ，今日では，みなさんも企業のニュースやネット，そして大学や商業施設などでも日常的によく耳にする言葉になりました。第7章で解説した日本政府の「人間中心のAI社会原則」もSDGsを強く意識して提唱されています。

　2017年にはジェノバで国際電気通信連合（International Telecommunication Union, ITU）が主催した「AI for GOOD」と題した国際サミットが開催され，17個のSDGsを円形に並べ，その円周をAIやデータサイエンス技術が取り囲む，美しいチャートが提案されました[71]。ここでは，それを縦型にリストしたものを表14.1に載せました。表の個々の項目を見ていただければわかるように，AIやデータサイエンスはSDGsのそれぞれの目標を達成するうえで，鍵となる大切な手段として位置づけられています。例えば，「気候変動に具体的な対

14.1 SDGs における AI やデータサイエンスの役割   167

表 14.1 持続可能な開発目標とそれらの達成に不可欠な AI 技術

SDGs の各目標	AI，IoT，ビッグデータの貢献
1. 貧困をなくそう	ビッグデータ解析によって貧困の状態をマッピングして可視化し，今後の状態の予測を可能にする。
2. 飢餓をゼロに	AI 化やビッグデータを活用したスマート農業によって効率化をはかり，食糧生産を増大させる。
3. すべての人に健康と福祉を	IoT で収集した健康状態ビッグデータにより予防や診断の可能性を広げる。
4. 質の高い教育をみんなに	個性にもとづいて最適化した学習プログラムにより，革新的な教学環境づくりを行う。
5. ジェンダー平等を実現しよう	ジェンダー不平等を特定して是正を促すことにより，公平な雇用機会を推進する。
6. 安全な水とトイレを世界中に	センサーデータを活用して，効率的なクリーンな水資源の監視を提供する。
7. エネルギーをみんなにそしてクリーンに	太陽光発電などの効率を高め，クリーンエネルギーの確保を進める。
8. 働きがいも経済成長も	インテリジェントオートメンション化などを推進することにより生産性を高める。
9. 産業と技術革新の基盤を作ろう	AI，IoT，ビッグデータなどの活用により，イノベーションを促進する。
10. 人や国の不平等をなくそう	ハンディキャップを補うロボット技術などにより，より包摂性の高い（インクルーシブな）社会を実現する。
11. 住み続けられるまちづくりを	センサーデータなどの解析結果により，スマートで持続可能な都市計画や施策決定を支援する。
12. つくる責任つかう責任	最適な生産水準を予測することにより，廃棄物や無駄な消費を減らす。
13. 気候変動に具体的な対策を	AI やビッグデータにより気候変動をモデル化し，温暖化対策や災害の予測に活用する。
14. 海の豊かさを守ろう	パターン認識技術により，違法な漁操業をトラッキングし，海洋資源を守る。
15. 陸の豊かさを守ろう	AI 技術により密猟を未然に防ぎ，陸上生物の種の健全な状態を監視する。
16. 平和と公正をすべての人に	透明性と迅速性を備えたグローバルな情報公開などにより，分断や政治腐敗を防ぐ。
17. パートナーシップで目標を達成しよう	安全で倫理的な AI の発展とともに多部門の協力を不可欠なものにする。

策を」という目標 13 の実現のためには，AI やビッグデータの活用により気候変動を可視化したり，モデル化してシミュレーションすることは，温暖化対策や災害予測にとって不可欠であるとされています。

SDGs の 17 の目標や，それぞれの目標に含まれている 169 個ものターゲットの中には，相互に矛盾し，実現するためには優先順位の設定や，遂行プロセスのバランス調整やスケジュール調整が必要なものが多く含まれています。例えば，穀物を利用したバイオ燃料は，植物が二酸化炭素を吸収した分を燃料にするので，クリーンエネルギー（目標 7）の中に含まれていますが，そのために広大な土地を焼き畑などで農地にすると，陸地を豊かにすること（目標 15）に反し，なにより，食料不足を引き起こす可能性が大きいので，貧困や飢餓を起こしてしまう可能性があります。かつて原子力発電もクリーンエネルギーとみなされたことがありましたが，放射性廃棄物の処理や廃炉などには膨大な後処理のためのエネルギーが必要となり，まして 2011 年の東京電力の原発事故では，人命にも環境にもきわめて深刻で甚大な被害をもたらしました。

SDGs を免罪符のように使っているといった批判もあるように，個々の目標やターゲットの実現だけを大きく取り上げて成果を誇示するのではなく，全体としてのメリットやデメリットについて長期展望をもって的確に評価し，持続性を真にもたらすものかどうかを判断する必要があります。このような複雑な要因の絡み合う全体像のシミュレーションや，分析評価する手段として，AI やデータサイエンスの活用に期待したいものです。

14.2　AI・データ社会において大切な人間の思考様式

本書の最終節としてここでは，これからの AI 社会や，デジタルトランスフォーメーション（DX）が進みデータ駆動型社会が浸透する状況の中で，私たち人間がどのような思考様式を働かせたら良いのかについて考察してみましょう。

14.2.1 ロジカルシンキング

まず必要なのは，ロジカルシンキング（論理的思考）です。この思考は，根拠を示し，そこから導かれる結論や主張の間に，論理的な筋道をたて，説明するやり方ですが，帰納的思考と演繹的思考の2つに大きく分けられます。

帰納的思考では，個別的な事例に関する情報やデータを積み重ねて，妥当な結論を導き出します。簡単な例をあげると，月を毎日，観測して，その満ち欠け周期は平均29.5日であると結論する場合です。データを多く集めてグラフを描き，代表値などを算出して一般的傾向を読み取ることは，データサイエンスの記述統計でよく行われます。また，標本（サンプル）データの特性から母集団全体の性質を推定する推測統計にも帰納的推論が大きくかかわっています。このようなやり方は着実な思考法と言えますが，個別データを収集するときに偏りがあったり，都合のよいものだけが集められたりすることによって，誤った結論や主張が導き出されることがあるので，注意が必要です。生成AIによる機械学習やビッグデータ解析にもまったく同じことが言えます。

演繹的思考では，前提となる情報や一般的知識に基づいて，論理的に正しい結論を個別事例に対してあてはめます。例えば，鳥はくちばしをもち，卵を産む動物であり，ペンギンにもくちばしがあって卵を産むので，ペンギンは鳥であると結論する場合です。データサイエンスでも，回帰予測式やモデリングによるシミュレーションに基づく予測などで，演繹的手法が活用されています。例えば，過去のデータから導き出された回帰式を使って特定商品の来月の売り上げ予測や，気象モデルを用いた明日の天気や台風の進路予報などのさまざまな場面で演繹法の利用があげられます。このような演繹的論理による思考法では，一般的なものから個別的なものを導く推論となるので，前提となる情報や知識，そして予測式やモデルなどに誤りがないかどうか，公正かつ慎重に吟味しなくてはなりません。

14.2.2 クリティカルシンキング

前項では，論理的にみえても，帰納法や演繹法による思考に潜む問題点を指

摘してきました。そこで大切になるのが，クリティカルシンキング（批判的思考）です。根拠や前提から導かれる結論や主張が論理的に思えても，「本当にそれでよいのか」と立ち止まって冷静に疑ってみる思考です。このような思考法は人間のみが可能で，AI にはできません。具体的には，外からの情報や自分自身がもつバイアスの有無や，与えられた前提の妥当性などを検討して，結論が誤った方向に行っていないか，また他の解釈も成り立つかどうかなどを吟味することにあたります。また，最初に入ってきた情報やわかりやすいと感じる考え方に固執しないこと，感情的で拙速な推論を避けること，そして不確実さに耐える姿勢などもあげられます。

クリティカルシンキングには，自分の思考プロセスを一段上からモニタリングするメタ認知の働きが欠かせません。「まだ検討が足りないような気がする」，「考え直したほうがよいかな」，「まだ十分に納得していないな」などと自覚し，省察することがメタ認知にあたります。そして，「最初からやり直そう」，「別の方法を試してみよう」，「自分には難しいので，中断して，他の人に相談しよう」などと自制や切替えによる自己調整を行うこともメタ認知に含まれます。

健全なメタ認知の働きに支えられながらクリティカルシンキングを行うことは，AI やビッグデータから産出される膨大な情報に振り回されずに，自分の姿勢を確保し，データサイエンスを正しく理解し，活用するためにはとても大切です。

14.2.3　ラテラルシンキング

人間が得意とするもう 1 つ大切な思考法は，ラテラルシンキング（水平思考）です。ロジカルシンキングでは前提となる根拠から理詰めで考えを深めていく垂直的な思考を行います。これに対し，ラテラルシンキングでは，さまざまな視点から事象をとらえ，既成概念や常識にとらわれず，新たな前提やフレームを探して選択し，思考の壁を取り払って水平方向に可能性を拡大させます。その際にロジックは後付けでも構わないこととします。特に斬新なアイディアやイノベーションを産みだすときにラテラルシンキングは有効であるとされ，心

理学の領域では，創造性と関係の深い拡散的思考と呼ばれるものに対応します。

近頃，ネットで「水平思考」をキーワードにして検索すると，「ウミガメのスープ問題」に代表されるパズルがよく出てきます。これは，ある船乗りの男がレストランでウミガメのスープを注文し，一口食べて，本当にウミガメのスープであることをシェフに確認したあと，その夜に自殺してしまった理由をあれこれ詮索するゲームです。しかし，真の意味の水平思考は，常識的な見方をいろいろ変えて解答を見つけるクイズではなく，解があるかもどうかもわからない，あるいはたくさんの解があるかしれない新しい発想を考えるような，もっと開放的で創造的なものです。

豊かな水平思考を育むためには，常日頃から異分野体験や異文化体験を積み重ね，視野を広げ，感性を磨いておくことが大切です。一例をあげると，アップルコンピュータや iPhone などを世界に普及させたのはスティーブ・ジョブズですが，彼のセンスには禅などの日本文化が影響を及ぼしたことが知られています。とりわけ川瀬巴水の新版画がもつ究極ともいえる単調でシンプルな美にインスピレーションを受け，外見も内部の機器構成も，そして画面もシンプルで美しいデザインの名機がうまれました。

人間の仕事のうち，特に定型的なタスクが AI にとってかわられる可能性があることを第 7 章で解説しましたが，AI には難しい非定型的なタスクを含む新しい職業を次々に考案していくときにも水平思考が活躍するでしょう。また，AI もデータサイエンスも本来は手段であるので，それらの手段のまったく新しい活用法を社会の持続的発展のために開拓していくことも人間に任せられています。

14.2.4　AI・データ社会で重要な 3 つの思考様式の循環的活用

インターネットや SNS では，エコーチェンバー現象とフィルターバブル現象が注意すべきものとして知られています。エコーチェンバー（echo chamber）現象は，同じ趣味・思想をもつ狭いコミュニティの中でのチャットで，自分と同じ意見が反響のようにあらゆる方向から返ってくることによって，自分の意

見や主張が増幅され，正当化されることをさします。フィルターバブル（filter bubble）現象は，インターネットやSNSを通して得られる情報が，検索エンジンやSNSの利用履歴を用いたフィルターによって，個々の利用者向けに都合のよい情報だけが提供され，その個人が好まない重要な情報に接する機会が失われ，気泡（バブル）の中に閉じ込められた状況になってしまう現象を指します。どちらの現象も，特に災害時や社会動乱など切迫した時ほどフェイクニュースやデマなどを信じ込み，危険な行動に出てしまうことにつながってしまいます。

　AI・データ社会に潜むそのような負の側面に陥らないようにするには，図 14.1 に示すように，論理的思考，批判的思考，そして水平思考の 3 つの思考様式を循環させ，たがいに補完し合うように普段から機能させることが大切です。ネットの情報や AI から生成された情報，データ解析から得られた知見なども，まず内容は論理的か，前提や手法は妥当なものか，他の観点から見方はないのかなどを思考する姿勢を常に培っておくことが大切です。

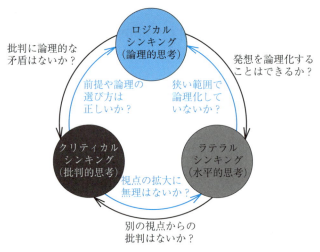

図 14.1　重要な思考様式の 3 つのスタイル

　これらからの社会では，AI やデータサイエンスの基礎をいわば「読み・書き・そろばん」のように修得することが必要とされています。本書を通して，そのような基礎的知識や技能だけでなく，これまでの人間社会の歴史のなかで，AI

やデータサイエンスがなぜ大きな役割をもつようになってきたのか，また進展の背景にはどのような問題や限界が指摘されているのかなどについても広く学んでいただけたら幸いです。そして，3つの思考様式を的確に働かせ，人間のもっとも人間らしい能力を発揮することにより，人間中心社会の持続的展開を実現していってほしいと思います。

章 末 問 題

【1】 本文中にも例をあげましたが，SDGsの中で，ある目標と他の目標の両立が難しいと思われる例をあげて，できれば解決法の提案も行ってください。

【2】 AIが人間の判断を代行したり，大量の多様な情報に人間がさらされたりすると予想される近未来において，個々人が的確な意思決定や行動をしていくために必要な知識や能力，そして留意すべき点について，各自の考えをまとめてください。

付　　　　　録

表 A.1　文部科学省「数理・データサイエンス・AI 教育プログラム認定制度」（MDASH）リテラシーレベルのモデルカリキュラム（2024 年 2 月）における学修推奨項目と本書の対応[73),74)]

学修項目	学修内容	おもなキーワード（知識・スキル）	本書対応章
1. 社会におけるデータ・AI 利活用	1-1. 社会で起きている変化	・ビッグデータ, IoT, AI, 生成 AI, ロボット ・データ量の増加, 計算機の処理性能の向上, AI の非連続的進化 ・第 4 次産業革命, Society 5.0, データ駆動型社会	第 1 章, 第 2 章, 第 3 章, 第 4 章, 第 8 章
	1-2. 社会で活用されているデータ	・調査データ, 実験データ, 人の行動ログデータ, 機械の稼働ログデータ ・1 次データ, 2 次データ, データのメタ化	第 3 章, 第 8 章, 第 9 章
	1-3. データ・AI の活用領域	・データ・AI 活用領域の広がり（生産, 消費, 文化活動など）	第 4 章, 第 14 章
	1-4. データ・AI 利活用のための技術	・データ解析：予測, グルーピング, パターン発見, モデル化とシミュレーション ・データ可視化：複合グラフ, 2 軸グラフ, 多次元の可視化, 関係性の可視化, 地図上の可視化	第 3 章, 第 4 章, 第 8 章, 第 9 章, 第 12 章, 第 14 章
	1-5. データ・AI 利活用の現場	・データサイエンスのサイクル（課題抽出と定式化, データの取得・管理・加工, 探索的データ解析, データ解析と推論, 結果の共有・伝達, 課題解決に向けた提案）	第 4 章, 第 6 章, 第 8 章
	1-6. データ・AI 利活用の最新動向	・AI 最新技術の活用例（深層生成モデル, 強化学習, 転移学習, 生成 AI）	第 3 章

付　　　　録　　*175*

表 A.1　（続き）

学修項目	学修内容	おもなキーワード（知識・スキル）	本書対応章
2. データリテラシー	2-1. データを読む	・データの種類（量的変数，質的変数） ・データの分布（ヒストグラム）と代表値（平均値，中央値，最頻値） ・代表値の性質の違い（実社会では平均値＝最頻値でないことが多い） ・データのばらつき（分散，標準偏差，偏差値），外れ値 ・相関と因果（相関係数，交絡）	第 8 章，第 9 章，第 10 章
	2-2. データを説明する	・データ表現（棒グラフ，折線グラフ，散布図，ヒートマップ，箱ひげ図） ・データの比較（条件をそろえた比較，処理の前後での比較）	第 4 章，第 8 章，第 9 章
	2-3. データを扱う	・データの取得（機械判読可能なデータの作成・表記方法） ・データの集計（和，平均） ・ランキング	第 1 章，第 8 章，第 9 章
3. データ・AI 利活用における留意事項	3-1. データ・AI を扱う上での留意事項	・倫理的・法的・社会的課題（ELSI:Ethical, Legal and Social Issues） ・個人情報保護，EU 一般データ保護規則（GDPR），忘れられる権利，オプトアウト ・データ倫理（データのねつ造，改ざん，盗用，プライバシー保護）	第 2 章，第 4 章，第 5 章，第 8 章
	3-2. データを守る上での留意事項	・情報セキュリティの 3 要素（機密性，完全性，可用性）	第 4 章
4. オプション	4-8. データ活用実践（教師あり学習）	・教師あり学習による予測	第 3 章
	4-9. データ活用実践（教師なし学習）	・教師なし学習によるグルーピング	第 3 章

※青字は 2024 年 2 月改訂による新推奨キーワード

引用・参考文献

※記載 URL は 2024 年 10 月確認

1 章

1) A. Toffler 著，徳岡孝夫 訳：第三の波，中公文庫 (1982)
2) By Vern Evans - Flickr: Alvin Toffler 02，CC BY-SA 2.0,
　　https://commons.wikimedia.org/w/index.php?curid=12728920
3) https://ja.wikipedia.org/wiki/農耕社会
4) https://en.wikipedia.org/wiki/Industrial_Revolution#/media/File:
　　Dore_London.jpg
5) https://commons.wikimedia.org/wiki/File:Chaplin-ModernTimes.jpg
6) https://www.soumu.go.jp/johotsusintokei/whitepaper/ja/h29.html
7) https://www.dhcjp.or.jp/cms_admin/wp-content/uploads/2019/04/
　　society-5.0-1.pdf
8) https://www.keidanren.or.jp/policy/2020/038.html

2 章

9) https://ja.wikipedia.org/wiki/アラン・チューリング
10) https://ja.wikipedia.org/wiki/ENIAC
11) https://commons.wikimedia.org/wiki/File:HD.3F.191_(11239892036)
　　.jpg
12) T. Binzegge et al. : Journal of Neuroscience, **24**, 39, pp. 8441-8453(2004)
13) 総務省：IoT 機器の適正利用に係るオンライン講座の開講 (2020),
　　https://www.soumu.go.jp/menunews/s-news/01tsushin0302000311.html
14) 日経エレクトロニクス 編：NE ハンドブックシリーズ センサーネットワーク，日
　　経 BP 社 (2014)

3 章

15) 松尾豊：人工知能は人間を超えるか，p. 47，KADOKAWA（2015）
16) AI 白書編集委員会：AI 白書 2023，p. 41，KADOKAWA（2023）
17) 文献 15)，p. 62

引用・参考文献　　*177*

18) 野口竜司：文系 AI 人材になる，p. 95，東洋経済（2020）

19) 文献 16)，p. 54

4 章

20) OpenAI, https://openai.com/

21) DALL-E, https://openai.com/index/dall-e-3/

22) Stable Diffusion, https://stability.ai/

23) Midjourney, https://www.midjourney.com/home

24) Sumo AI, https://suno.com/

25) SOUNDRAW, https://soundraw.io/ja

26) https://research.runwayml.com/gen1

27) RESAS, https://resas.go.jp/#/13/13101

28) 白辺陽：生成 AI–社会を激変させる AI の創造力–，SB クリエイティブ（2023）

29) AI 白書編集委員会：AI 白書 2023，KADOKAWA（2023）

30) AI 時代の知的財産権検討会中間とりまとめ，AI 時代の知的財産権検討会（2024），
https://www.bunka.go.jp/seisaku/bunkashingikai/chosakuken/
workingteam/r06_01/pdf/94080501_16.pdf

31) 初等中等教育段階における 生成 AI の利用に関する暫定的なガイドライン，文部科
学省 初等中等教育局（2023），https://www.mext.go.jp/content/20230710-
mxt_shuukyo02-000030823_003.pdf

32) 文化審議会著作権分科会法制度小委員会：AI と著作権に関する考え方について
（2024），https://www.bunka.go.jp/seisaku/bunkashingikai/chosakuken/
pdf/94037901_01.pdf

5 章

33) https://ja.wikipedia.org/wiki/R.U.R.

34) https://commons.wikimedia.org/w/index.php?curid=84073

35) アイザック・アシモフ 著，小尾芙佐 訳：われはロボット，p. 5，早川書房 (1983)

36) https://www.chiba-u.ac.jp/others/topics/info/2007-11-27.html

37) 手塚治虫：鉄腕アトム 14，pp. 153–178，光文社文庫 (1995)

38) 山本翔子, 結城雅樹：トロッコ問題への反応の文化差はどこから来るのか？ 関係流動
性と評判期待の役割に関する国際比較研究, 社会心理学研究, 35, pp. 61–71(2019)

39) 内閣官房 IT 総合戦略室：自動運転に係る制度整備大綱 (2018)，
https://www.mlit.go.jp/common/001260125.pdf

40) 日本学術会議：自動運転の社会的課題について ― 新たなモビリティによる社会の
デザイン―(2020)，

https://www.scj.go.jp/ja/info/kohyo/pdf/kohyo-24-t294-1.pdf

41) A. ツヴィッター，林航平 (要約)：ビッグデータの倫理学 (2014, 2020)，
http://www.ethics.bun.kyoto-u.ac.jp/wp/wp-content/uploads/2020/
07/74bcc726e0fbc0544504651122d32768.pdf

42) D. Gypalo：Government data needs an ethical foundation(2019)，
https://www.govtech.com/opinion/government-data-needs-an-
ethical-foundation-contributed.html

43) 村岡裕明，行場次朗，鈴木陽一，塩入諭，中尾光之，二瓶真理子，荘司弘樹：巨
大情報量とそのストレージ技術〜 ヨッタバイト情報への挑戦〜，電子情報通信学
会技術研究報告 116，pp. 27–32(2017)

44) 総務省情報通信政策研究所：平成 26 年情報通信メディアの利用時間と情報行動
に関する調査報告書 (2011)，
https://www.soumu.go.jp/maincontent/000357570.pdf

45) A. Toffler：40 for the next 40(これから 40 年の間に起こること) (2010)，
http://www.toffler.com/docs/40fortheNext40101011FINAL.pdf

6 章

46) D. Kahneman, 村井章子 (訳)：ファスト & スロー，ハヤカワ・ノンフィクショ
ン文庫 (2014)

47) 社会福祉法人日本介助犬協会：介助犬について，https://s-dog.jp/

48) 山田祐樹，河邉隆寛，井隼経子：山高ければ谷深し—対象のカテゴリ化におけ
る認知的困難度は不気味の谷現象を説明する—，日本認知心理学会第 8 回大会
(2010)，https://www.jstage.jst.go.jp/article/cogpsy/2010/0/2010_0_
55/pdf/-char/ja

49) 熊崎博一：自閉スペクトラム症者へのヒューマノイドロボットを用いた介入の潜
在性，認知神経科学，**22**，pp. 18–25(2020)

50) 松原仁：暗黙知におけるフレーム問題，科学哲学，**24**，pp. 45–56 (1991)

51) 谷口忠大・椹木哲夫：身体と環境の相互作用を通した記号創発—表象生成の身体依
存性についての構成論—，システム制御情報学会論文誌 **18**，pp. 440–449 (2005)

52) 文部科学省：【概要】新時代の学びを支える先端技術活用推進方策 (最終まと
め)(2019)，https://www.mext.go.jp/a_menu/other/1411332.htm

53) 日本小児連絡協議会：子どもと ICT (スマートフォン・タブレット端末など) の
問題についての提言，小児保健研究，**74**, 1, pp. 1–4 (2015)

54) 仙台市教育員会：学習意欲の科学的研究に関するプロジェクト (2018)，
https://www.city.sendai.jp/manabi/kurashi/manabu/kyoiku/inkai/

引 用 ・ 参 考 文 献　　*179*

kanren/kyoiku/documents/h30gakushuiyoku.pdf

55) 東京都教育委員会：SNS 東京ルール (2016), `https://www.kyoiku.metro.tokyo.lg.jp/administration/pr/files/tokyonokyoiku201601es/1071e.pdf`

7 章

56) C. B. Frey and M. A. Osborne：The future of employment:How susceptible to computerization?(2013), `https://www.oxfordmartin.ox.ac.uk/downloads/academic/TheFutureofEmployment.pdf`

57) M. Arntz, T. Gregory and U. Zierahn：The risk of automation for jobs in OECD countries: A comparative analysis(2016), `https://www.oecd-ilibrary.org/social-issues-migration-health/the-risk-of-automation-for-jobs-in-oecd-countries5jlz9h56dvq7-en`

58) 内閣府：『AI 戦略 2019』の概要と取組状況，令和元年 11 月 (2019), `https://www5.cao.go.jp/keizai-shimon/kaigi/special/reform/wg7/20191101/shiryou1.pdf`

59) 内閣府 統合イノベーション戦略推進会議：人間中心の AI 社会原則 (2018), `https://www8.cao.go.jp/cstp/aigensoku.pdf`

8 章

60) 公正取引委員会 共通ポイントサービスに関する取引実態調査報告書 (2020), `https://www.jftc.go.jp/houdou/pressrelease/2020/jun/200612.html`

61) 内閣府：『AI 戦略 2019』人・産業・地域・政府全てに AI，令和元年 6 月 11 日，統合イノベーション戦略推進会議決定 (2019) , `https://www8.cao.go.jp/cstp/ai/aistratagy2019.pdf`

62) 文部科学省初等中等教育局教育課程課教育課程企画室：教育とスキルの未来 OECD Education 2030 プロジェクトについて (2020), `https://www.oecd.org/education/2030-project/about/documents/OECD-Education-2030-Position-Paper_Japanese.pdf`

63) 首相官邸 未来投資戦略 2018：「Society 5.0」「データ駆動型社会」への変革 (2018), `https://www.kantei.go.jp/jp/singi/keizaisaisei/pdf/miraitousi2018_zentai.pdf`

64) 経済産業省産業構造審議会商務流通情報分科会情報経済小委員会中間取りまとめ: CPS によるデータ駆動型社会の到来を見据えた変革 (2015) , `https://www.meti.go.jp/shingikai/sankoshin/shomu_ryutsu/joho_keizai/20150521_report.html`

180 引用・参考文献

65) 総務省：統計表における機械判読可能なデータの表記方法の統一ルールの策定 (2020), https://www.soumu.go.jp/menu_news/s-news/01toukatsu01_02000186.html

66) ダレル・ハフ 著, 高木秀玄 訳：統計でウソをつく法, 講談社 (1964)

67) 法務省法務総合研究所　令和 2 年版犯罪白書 (2020),
https://www.moj.go.jp/content/001338446.pdf

68) ハンス・ロスリング ほか著：FACT FULNESS 10 の思い込みを乗り越え, データを基に世界を正しく見る習慣, 日経 BP(2019)

69) 経済産業省 令和 2 年度エネルギーに関する年次報告（エネルギー白書 2021),
https://www.enecho.meti.go.jp/about/whitepaper/2021/pdf/

12 章

70) 草薙宥映, 山本奨：算数の学習で児童が感じるおもしろさの構造と学力の関係：愛好尺度開発の試み, 岩手大学大学院教育学研究科研究年報, 第 5 巻, pp. 055–062(2021)

14 章

71) ITU　News　(2017), https://www.itu.int/en/itunews/Documents/2017/2017-01/2017_ITUNews01-en.pdf

72) NHK： Web 特集スティーブ・ジョブズ 「美」の原点 (2021) ,
https://www3.nhk.or.jp/news/html/20210701/k10013110911000.html

付録

73) https://www.mext.go.jp/a_menu/koutou/suuri_datascience_ai/00001.htm

74) http://www.mi.u-tokyo.ac.jp/consortium/pdf/model_literacy_20240222.pdf

索　引

【あ〜う】

値	102
アドレスバス	15
異常検知	34
一対比較法	161
因果関係	112
因　子	155
因子分析	155
上側検定	142

【え，お】

エキスパートシステム	29
エコーチェンバー現象	171
エージェント	34
エスノグラフィー	163
エニアック	14
エネルギー革命	3
エレクトロニック・コテージ	5
演繹的思考	169
遠感覚	72
円グラフ	99
オプトアウト	66
オープンデータ	103
おもちゃの問題	29
折れ線グラフ	98
音楽生成 AI	45
音声生成 AI	45

【か】

回帰方程式	150
階　級	104
——の幅	104
階級値	104
改ざん	93
階層的クラスター分析	159
開放性	66
会話系 AI	39
核家族	4
拡散的思考	171
学習データの使用	53
確率分布	120
確率分布表	120
確率変数	118
確率密度関数	121
可視化	99, 103, 153, 168
画像生成 AI	44
片側検定	142
可用性	51, 65
間隔尺度	102
感覚・身体情報処理	72
観察データ	103
感情処理	72
完全性	51, 65

【き】

機械打ちこわし運動	7
機械学習	31
——を取り入れた AI	37
機械学習パラダイス	53
機械可読	96
機械判読可能	96
規格化	4
幾何平均	107
棄却する	138
記号接地問題	77, 81
技術的特異点	70

【き】（続）

記述統計学	96, 104
帰納的思考	169
基盤モデル	36
機密性	51, 65
帰無仮説	138
教育工場	4
強化学習	34
教師あり学習	32
教師なし学習	33
距離尺度	102
近感覚	72
近似式	150

【く】

区間推定	128
グラウンデッド・セオリー・アプローチ	164
クラスター分析	158
クラスタリング	33
クリティカルシンキング	170
グルーピング	164
クロス集計表	113

【け】

形態素解析	165
ケーススタディ	164
検索拡張生成	42
検　定	127
検定統計量	144

【こ】

行為主体性	65
構造化データ	30
交通革命	7

索　　　　引　　182

行動ログ　　　　　　　89
交　絡　　　　　　　113
個人情報保護　　23, 51, 66
古典的な AI　　　　　37
雇用の消失と創出　　　84
雇用問題　　　　　　　83
コンプライアンス　　　66

【さ】

サイバー空間　　　9, 92
サイバーセキュリティ　50
サイバーフィジカル
　システム　　　　81, 92
最頻値　　　　　　　109
サポートベクターマシン　41
産業革命　　　　　　　1
算術平均　　　　　　107
散布図　　　　　　　113
散布度　　　　　　　104
参与観察　　　　　　163

【し】

識　別　　　　　　　33
識別系 AI　　　　　　39
識別モデル　　　　　40
次元削減　　　　　　34
自己受容感覚　　　　72
システム 1　　　　　73
システム 2　　　　　73
自然言語処理　　　　41
持続可能な開発目標　166
下側検定　　　　　　142
実験データ　　　　　103
実行系 AI　　　　　　39
質的研究　　　　　　163
質的調査　　　　　　162
質的データ　　　　　102
自動運転　　　　62, 76
社会貢献活動　　　　66
重回帰分析　　　　　151
自由回答法　　　　　161
集積回路　　　　　　17
自由度　　　　　　　133

樹形図　　　　　　　159
主成分分析　　　　　153
順位法　　　　　　　161
順序尺度　　　　　　102
情報格差　　　　　　56
情報革命　　　　　　1
情報セキュリティの 3 要素
　　　　　　　　51, 65
情報通信技術　　　　20
情報トリアージ　　　69
情報ピラミッド　　　70
情報倫理　　　　　　23
所得格差　　　　　　9
所有権　　　　　　　66
事例研究　　　　　　164
シンギュラリティ　　70
真空管　　　　　　　14
人工知能　　　　　　7
人工超知能　　　　　71
人生の質　　　　　　74
深層学習　　　　20, 31
シンボルグランディング　77
信頼区間　　　　　　128

【す〜そ】

推測統計学　　　96, 117
推　定　　　　　　　127
推　論　　29, 38, 95, 169
正規分布　　　　　　122
生成 AI　　38, 39, 43, 67
生成モデル　　　　　40
正の相関　　　　　　115
世界経済フォーラム　6
説明変数　　　　　　149
ゼロショットプロンプト　46
相関関係　　　112, 157
相関係数　　　　　　115

【た】

第 1 次 AI ブーム　　29
第 1 種の過誤　　　140
第 2 次 AI ブーム　　30
第 2 種の過誤　　　140

第 3 次 AI ブーム　　31
第 5 世代コンピュータ　30
第一の波　　　　　　2
大規模言語モデル　　41
第三の波　　　　　　4
大数の法則　　　　　122
第二の波　　　　　　3
代表値　　　　　　　104
対立仮説　　　　　　138
大量生産　　　　　　7
多層ニューラルネットワーク
　　　　　　　　　　35
多品種少量生産　　5, 8
単回帰分析　　　　　149
単語分割　　　　　　165
探　索　　　　　　　29
単純な制御プログラム　36
単純パーセプトロン　35

【ち】

知的財産権　　　　　52
知的処理　　　　　　71
中央処理装置　　　　15
中央値　　　　　　　108
中心極限定理　　　　122
チューリングマシン　13
調査データ　　　　　103
直列逐次処理型　　　19
著作権　　　　　　　52
著作権侵害　　　　　53
直観的思考　　　　　76

【つ，て】

強い AI　　　38, 61, 71
定性的調査　　　　　162
ディープフェイク　　49
ディープラーニング　20, 31
　――を取り入れた AI　37
定量的調査　　　　　162
テキスト生成 AI　　　43
デジタル革命　　　　8
デジタルデバイド　　56

索　　　　　引　　183

データ
　――の値　102
　――のメタ化　31
　――を生成する　40
データガバナンス　65
データ駆動型社会　92
データサイエンス　89, 166
　――のサイクル　93
データバス　15
データマイニング　26, 113
データ倫理　23
転移学習　36
点推定　127

【と】

トイ・プロブレム　29
同　意　66
動画生成 AI　45
統計学　95
統計量　104, 144
道徳的責任　65
透明性　66
盗　用　93
特徴量　31
度　数　104
度数折れ線　106
度数分布表　104
特化型人工知能　38, 91
トランジスタ　17
トランスフォーマーモデル
　　41
トロッコ問題　61

【な行】

内受容感覚　72
流れ作業　7
7 つの原則　86
ニューラルネットワーク　19
人間中心
　10, 57, 64, 81, 87, 173
　――の原則　90
　――の AI 社会原則
　　85, 166

ねつ造　93
ノイマン型　16
ノイマンボトルネック　16
農耕革命　1
ノーフリーランチ定理　38

【は，ひ】

箱ひげ図　109
外れ値　107
パターン　33, 37
ハルシネーション　52, 85
汎用型人工知能　38, 42, 71
非階層的クラスター分析　160
非構造化データ　30
比尺度　102
ヒストグラム　105
ビッグデータ　7, 25, 95
ヒートマップ　47
ヒューマノイドロボット　60
ヒューリスティクス　77
標準化　124
標準正規分布　124
標準正規分布表　125
評定尺度法　161
標　本　117
標本分散　132
標本平均　118
比率尺度　102
比例尺度　102

【ふ】

ファクトチェック　85
フィジカル空間　9, 92
フィルターバブル現象　171
不気味の谷　75
不定帯　161
負の相関　115
不偏分散　132
フューショットプロンプト
　　46
プライバシー
　23, 49, 51, 66, 86
ブラウザ　22

フレーム　62, 76, 170
フレーム問題　76
プログラム内蔵方式　15
プロンプト　45, 67, 85
プロンプト・エンジニア
　リング　85
文化庁　54
分　散　110
文章完成法　161
分　布　103
分　類　33
分類困難仮説　75

【へ，ほ】

平均値　107
並列分散処理型　19
ベビースキーマ　76
偏　差　110
棒グラフ　97, 105
法令順守　66
母集団　117
母分散　117
母平均　117

【ま行】

マルチモーダル化　41, 45, 47
ムーアの法則　18
名義尺度　102
メタデータ　30
メタ認知　170
メンタルコミットロボット
　　76
目的変数　149
モデル化とシミュレーション
　　168
ものづくり大国　8
モラベックのパラドックス
　　73

【や行】

有意確率　139
有意水準　138
有意である　138

ユビキタスコンピューティング　24
予測系 AI　39
弱い AI　38, 91

【ら行】

ラッダイト運動　7
ラテラルシンキング　170

ランキング　102
離散型確率変数　120
両側検定　142
量的研究　163
量的調査　162
量的データ　102
連続型確率変数　120
ロジカルシンキング　169

ロジスティック回帰　41

【わ】

わかりやすさ　66
忘れられる権利　23
ワットの蒸気機関　3

【A】

AGI　38, 71
AI　7, 29
　——の非連続的進化　31
AI 効果　42
AI 戦略 2019　90
ANI　38
ASI　71

【B】

BAT　90
BI　11

【C】

ChatGPT　39, 43, 67
CIA　51
CNN　41
CPU　15, 54
CPS　9, 81, 92
CSR　66

【D】

Digital Transformation　11
DX　11

【E, F】

ELSI　67
ENIAC　14
FA　5

【G】

GAFAM　8, 23, 90

GAN　41
GDPR　66
GIGA スクール構想　79
GPU　54
GTA　164
GUI　79

【H】

HTML　22
HTTP　22
Human in the loop　64

【I】

IC　17
ICT　20
IoT　23

【K～Q】

KJ 法　164
LLM　41
NLP　41
NVIDIA　54
QOL　74

【R】

RAG　42
RAM　15
RNN　41
ROM　15

【S】

SDGs　80, 86, 166
Society 5.0　9

SVM　41

【T】

TCP/IP　22
TPU　54
t 値　133
t 得点　133
t 分布　133

【U, V】

URL　22
variety　25
velocity　25
volume　25

【W, Z】

WWW　22
Z 値　124
Z 得点　124

【数字】

1 次データ　103
1 変量データ　112
2030 年問題　68
2 軸グラフ　100
2 次データ　103
2 変量データ　112
3 次データ　103
3 つの基本理念　85

—— 監修者・著者略歴 ——

鈴木　陽一（すずき　よういち）
1981 年東北大学大学院工学研究科博士後期課程修了（工学博士）。東北大学助手，助教授を経て 1999 年東北大学電気通信研究所教授。2019 年東北大学名誉教授。2017～21 年 NICT 耐災害 ICT 研究センター長。2021 年より東北文化学園大学工学部知能情報システム学科教授。この間，日本音響学会会長，日本 VR 学会理事，超臨場感コミュニケーション産学官フォーラム会長等を務める。共著書に「C による情報処理入門」（共立出版），「マルチメディアシステム概論」（コロナ社）など。

神村　伸一（かみむら　しんいち）
1982 年東北学院大学工学部応用物理学科卒業。同年，日立マイクロコンピュータエンジニアリング株式会社に入社しマイコン開発支援システム製品の検査業務に従事，1993 年東北科学技術短期大学情報工学科助手，1999 年東北文化学園大学科学技術学部応用情報工学科助手，2003 年講師，2006 年～2007 年大学入試センター試験問題作成委員，2008 年より東北文化学園大学科学技術学部（現在工学部）知能情報システム学科准教授。専門は情報教育，教育学習支援情報システム，教育応用。

行場　次朗（ぎょうば　じろう）
1981 年東北大学大学院文学研究科博士課程後期満期退学。1993 年博士（文学）（東北大学）。東北大学助手，信州大学助教授，九州大学助教授，東北大学助教授，教授を経て，2019 年東北大学名誉教授。2007 年～2008 年電子情報通信学会ヒューマンコミュニケーショングループ運営委員長。2019 年尚絅学院大学教授，2021 年～2023 年特任教授。2024 年東北大学総合知インフォマティクス研究センター客員教授。共著書に「イメージと認知」（岩波書店），「新・知性と感性の心理」（福村出版）など。

髙谷　将宏（たかや　まさひろ）
2014 年東北大学大学院教育情報学教育部博士課程後期 3 年の課程修了（博士（教育情報学））。事業構想大学院大学客員准教授を経て，2023 年より事業構想大学院大学特任教授。尚絅学院大学客員准教授を経て，2024 年より尚絅学院大学客員教授。2023 年より東北学院大学データサイエンス研究所客員研究員。2023 年よりデジタル人材育成学会副会長（常務理事）。

渡邊　晃久（わたなべ　あきひさ）
2010 年大阪市立大学（現大阪公立大学）大学院経済学研究科後期博士課程中退。修士（経済学）。約 11 年間，広告制作会社にて広告・販売促進・空間演出の制作ディレクション，プランニング，チームマネジメント，人材育成，デジタル化推進業務に従事。2023 年より株式会社付箋企画代表取締役，2024 年より東北文化学園大学客員教授。

人間中心のAI社会とデータサイエンス
―MDASH リテラシーレベル準拠―
Human-Centered AI Society and Data Science
―A textbook for the literacy level of the MDASH educational program―
Ⓒ Suzuki, Kamimura, Gyoba, Takaya, Watanabe 2025

2025年3月26日 初版第1刷発行 ★

検印省略	監修者	鈴　木　陽　一
	著　者	神　村　伸　一
		行　場　次　朗
		高　谷　将　宏
		渡　邊　晃　久
	発行者	株式会社　コロナ社
		代表者　牛来真也
	印刷所	三美印刷株式会社
	製本所	有限会社　愛千製本所

112-0011 東京都文京区千石 4-46-10
発行所　株式会社　コロナ社
CORONA PUBLISHING CO., LTD.
Tokyo Japan
振替 00140-8-14844・電話 (03) 3941-3131 (代)
ホームページ https://www.coronasha.co.jp

ISBN 978-4-339-02949-9　C3055　Printed in Japan　（新宅）

〈出版者著作権管理機構　委託出版物〉
本書の無断複製は著作権法上での例外を除き禁じられています。複製される場合は、そのつど事前に、出版者著作権管理機構（電話 03-5244-5088, FAX 03-5244-5089, e-mail: info@jcopy.or.jp）の許諾を得てください。

本書のコピー、スキャン、デジタル化等の無断複製・転載は著作権法上での例外を除き禁じられています。購入者以外の第三者による本書の電子データ化及び電子書籍化は、いかなる場合も認めていません。
落丁・乱丁はお取替えいたします。